DIE PHYSIKALISCHEN METHODEN DER LIQUORDIAGNOSTIK

VON

Dr. FRITZ ROEDER

GÖTTINGEN

BERLIN

VERLAG VON JULIUS SPRINGER

1937

ISBN-13: 978-3-642-98295-8   e-ISBN-13: 978-3-642-99106-6
DOI: 10.1007/978-3-642-99106-6

SONDERDRUCK
AUS ZEITSCHRIFT FÜR DIE GESAMTE NEUROLOGIE
UND PSYCHIATRIE, BD. 159

MEINEM AUFRICHTIGEN FREUNDE

HANS STORZ

ZUGEEIGNET

Vorbemerkung.

Die Zielsetzung dieser Studie ist in der Einleitung gekennzeichnet worden. Es bleibt mir nur noch die Verpflichtung, allen denen zu danken, die mir ihre Hilfe gewährten. Mein klinischer Lehrer, Herr Prof. *Ewald*-Göttingen, gab mir entscheidende Anregungen im Laufe der Untersuchungen und sicherte mir in großzügiger Weise die Arbeitsmöglichkeiten; ich fühle mich ihm ganz besonders verpflichtet. Herr Prof. *Rein*-Göttingen, der mich während meiner früheren Tätigkeit in seinem Institut mit zahlreichen physikalischen Untersuchungs- und Meßmethoden vertraut gemacht hatte, stand mir weiterhin mit seinem Rat zur Seite.

Die Firma Zeiß-Jena stellte mir liebenswürdigerweise die Druckstöcke zu einer Reihe von technischen Zeichnungen zur Verfügung; und die Skizzen des Interferometers veröffentliche ich mit der freundlichen Erlaubnis des Herrn Dr. *Holm*-Hamburg.

Göttingen, den 18. Juli 1937.   *Fritz Roeder.*

Inhaltsverzeichnis.

Einleitung.

Die vorliegende Abhandlung ist unter dem Gesichtspunkt geschrieben worden, dem klinisch tätigen Neurologen die Möglichkeiten aufzuzeigen, die sich aus der Anwendung exakter physikalischer und einiger neuartiger physikalisch-chemischer Methoden für die Liquordiagnostik ergeben. Die für den Kliniker weniger wesentlichen Fragen theoretischer Liquorforschung sollen nur kurz gestreift oder völlig übergangen werden.

Das Ziel einer Liquoruntersuchung ist im Idealfall die völlige Erfassung der pathologischen Zusammensetzung. Bei der Klärung der Pathogenese sehr vieler organischer Erkrankungen des Nervensystems spielen eingehende Liquoruntersuchungen eine sehr wichtige Rolle; man denke besonders an die toxisch-infektiösen Erkrankungen. Der Serologe muß sich also bemühen, ein möglichst exaktes Untersuchungsergebnis zu erzielen und ein umfassendes Bild der vorliegenden humoralen Veränderungen zu gewinnen.

Für den klinischen Alltag werden zwar die üblichen Methoden, eine möglichst genaue und differenzierte Eiweißbestimmung, Kolloidkurven und serologische Reaktionen, ausreichen, um die notwendigen pathologischen Befunde zu erheben; *wo es sich dagegen darum handelt, Einblicke in das feinere pathophysiologische Geschehen zu gewinnen, wird man für jede weitere zusätzliche Untersuchungsmethode dankbar sein, die neue Perspektiven eröffnet.* In besonderem Maße hat dieses Geltung, wenn man trotz normaler Ergebnisse der neurologischen Untersuchung und der üblichen Untersuchung des Liquors das Bedenken nicht los wird, ob nicht doch ein organisches Nervenleiden zugrunde liegt. In diesen Fällen wird eine Verschärfung und Erweiterung der Methodik des Untersuchungsganges geradezu zur Notwendigkeit. Wir denken hier vor allem an die Bestimmung der Liquorlipoide, von denen Cholesterin und Lecithin die wichtigsten sind; ferner kommen Zucker- und Kochsalzbestimmungen, aber auch die Ermittlung des Reststickstoffes in Frage. Einen wesentlichen Fortschritt hat hier die Anwendung physikalischer Methoden gebracht, Refraktometrie, Interferometrie, Spektrographie u. a., die sich besonders bei der Klärung biochemischer Fragen bewährt haben. Es bestehen eine ganze Reihe von Anhaltspunkten dafür, daß unter bestimmten pathologischen Bedingungen biologisch wirksame Substanzen im Liquor auftreten, die chemisch nicht zu erfassen sind, deren Nachweis aber auf optischem Wege gelingt, wie es etwa *Scheid* für die akute Katatonie gezeigt hat. Meine eigenen Bemühungen haben mich dazu geführt, sowohl für die Eiweiß- als auch die Cholesterinbestimmung im Liquor eine optische Methode ausfindig zu machen, die den Untersucher von dem so oft störenden subjektiven Faktor befreit und eine automatische, objektive Messung ermöglicht.

Die klinische Interpretation der Ergebnisse derartig erweiterter Liquoranalysen setzt natürlich gewisse Kenntnisse der biologischen Vorgänge voraus, die zu diesen Befunden führten. Für das Verständnis des eigentlichen Krankheitsgeschehens kann es sehr viel bedeuten, wenn sich die Liquorbefunde in Zusammenhang mit bestimmten patho-physiologischen Vorgängen bringen lassen, so daß man etwa einen entzündlichen Vorgang mehr oder weniger besonderer Art ohne weiteres ablesen kann. Man muß aber der Tatsache eingedenk sein, daß das humorale Syndrom, das sich aus der Liquoruntersuchung ergibt, keineswegs *immer* ein Spiegelbild der sich im Nervensystem abspielenden pathologischen Vorgänge ist. Man erinnere sich der häufigen minimalen Liquorbefunde bei schwerster degenerativer Tabes, oder der verhältnismäßig geringen Befunde bei ausgesprochener Myelitis; gelegentlich kommt sogar bei Tumoren ein Liquorsyndrom vor, das kaum gegen den Normalbefund abgegrenzt werden kann.

Besondere Schwierigkeiten setzen bei der Deutung und Bewertung der Ergebnisse einer quantitativen Liquoranalyse ein, wie sie die moderne Diagnostik anstrebt; denn die Frage nach der Herkunft der im Liquor nachweisbaren Stoffe ist eine der interessantesten, aber auch ungeklärtesten der Liquorforschung überhaupt. Man hat sich schon viel mit diesen Problemen beschäftigt, aber keine zufriedenstellenden Lösungen finden können. Schon beim Liquoreiweiß ist noch nicht mit Sicherheit entschieden, ob es sich um primäres Serumeiweiß handelt, oder ob dasselbe vom Zentralnervensystem selbst ausgeschieden wird, wie *Walter* meint. *Georgi* hat drei Möglichkeiten herausgestellt: nach der ersten sollen die im Liquor vorhandenen Stoffe der Blutbahn entstammen können; nach der zweiten müsse man in Erwägung ziehen, ob das Zentralnervensystem selbst derartige Stoffe bilde; endlich könne an eine Umwandlung bereits im Liquor vorhandener Substanzen gedacht werden.

Die Einführung des Begriffes der Blut-Liquorschranke ist nun sicher ein sehr glückliches Bild, das in weitgehendem Maße zur Deutung der Befunde herangezogen werden darf. Man kann sich z. B. sehr gut die enorme Eiweißerhöhung im Liquor bei Meningitiden aus einer erheblichen Permeabilitätssteigerung erklären. Allerdings stellt die Meningitis in ihren verschiedensten Formen schon eine äußerst grobe Läsion des gesamten Liquorsystems dar, so daß man in diesem Falle überhaupt besser von einer Zertrümmerung der Blut-Liquorschranke spräche; denn von einer Erhaltung der eigentlichen Schrankenfunktion kann kaum noch die Rede sein *(Riebeling)*. Aber auch bei weniger eingreifenden Erkrankungen, z. B. chronischen Metaluesfällen, wird der Schrankenbegriff sich oft genug als unzureichend erweisen. *Walter* konnte feststellen, daß der Grad der Schrankenstörung nicht stets dem im Liquor gefundenen Eiweißgehalt entsprach.

Somit vermögen die bisherigen Untersuchungsmethoden keineswegs wirkliche Schrankenverhältnisse aufzuzeigen, besonders wenn es sich wie beim Eiweiß um Kolloide handelt. Da bei einer später zu erwähnenden physikalischen Methode auch das Schrankenproblem gestreift wird, haben wir einige bemerkenswerte Tatsachen hervorzuheben. Bereits *L. Stern*, *Kafka* und *Kral* stellten fest, daß eine erhöhte Durchlässigkeit der Schranke für Eiweißkörper keineswegs vorlag, wenn diese auch für Elektrolyte sicher vorhanden war. Ich selbst konnte in einem Fall von Liquorrhöe bei dem enorm erhöhten Permeabilitätsquotienten von unter 1,0 (Methode nach *Walter*) eine völlige Impermeabilität für Antikörper, außerdem für Hämolysine und bactericide Stoffe nachweisen. Somit war gleichzeitig die völlige Undurchlässigkeit der Schranke für bestimmte Globulinfraktionen erwiesen, an welche die erwähnten Stoffe wahrscheinlich gekoppelt sind.

Ebenfalls ist häufig nicht zu klären, inwieweit eine im Liquor gefundene Cholesterinanreicherung auf vermehrtem Übertritt aus der Blutbahn beruht; oder ob die Lipoidvermehrung im Liquor auf Abbauvorgänge innerhalb des Nervensystems selbst zurückzuführen ist, was beweisen würde, daß schwerere destruktive Prozesse innerhalb des Nervensystems vor sich gehen.

Wie wesentlich die pathologisch-physiologische Betrachtungsweise bei der Bewertung der Liquorbefunde ist, bestätigt die klinische Erfahrung immer wieder, wenn auch zuzugeben ist, daß wir manche Phänomene noch nicht mit Sicherheit deuten können. Wird z. B. von klinischer Seite nach der diagnostischen Bedeutung einer nachgewiesenen Lipoidvermehrung im Liquor gefragt, ob diese auf Tumor, destruktive oder entzündliche Prozesse zurückzuführen ist, dann können unter Berücksichtigung des gesamten übrigen Liquorbefundes nur patho-physiologische Gesichtspunkte die Antwort geben.

A. Allgemeine physikalische Untersuchungsmethoden des Liquors.

1. An die Spitze unserer Darstellung der verschiedenen Methoden stelle ich diejenigen, bei denen der unveränderte Gesamtliquor, im Gegensatz zu den speziellen Bestimmungen des Eiweißes und des Cholesterins, das Untersuchungsobjekt darstellt. Die einfachste Methode ist die

Refraktometrie. Allein dieses Verfahren ist bei weitem nicht empfindlich genug, so wertvoll es auch zur Klärung der Eiweißverhältnisse des Blutserums ist. Dieses erklärt sich daraus, daß die durch den Eiweißgehalt bedingte Refraktion des Liquors gegenüber derjenigen, die durch den hohen Salzgehalt verursacht wird, sehr zurücksteht. Es ist absolut unmöglich, auf Grund der Refraktometerzahl etwa auf die Eiweißkonzentration schließen zu wollen. Von *Penfold* und *Price* wurde normalerweise ein Refraktometerindex von 1,33510 gefunden. Ferner machten die Autoren die Angabe, daß bei Urämie, Diabetes sowie Meningitis im Gegensatz zu Encephalitis und Poliomyelitis eine Steigerung der Refraktometerzahl festzustellen sei. *Jacobowski* fand, daß die Malariabehandlung den Refraktometerindex herabsetzt. Klinisch verwertbare Resultate wurden aber bislang nicht erzielt.

2. Man muß schon die *Interferometrie* heranziehen, wenn man solche erzielen will, eine Methode, die gerade in letzter Zeit mit großem Erfolge bei Stoffwechseluntersuchungen angewandt wurde. Erst dieses Verfahren vermag infolge seiner großen Empfindlichkeit diejenigen geringen Unterschiede des Brechungsvermögens aufzuzeigen, die bei der Liquoruntersuchung gemessen werden müssen. Die Interferometrie mißt die Differenzen von Brechungsexponenten zweier Medien (von Gasen oder von Flüssigkeiten). Sie unterscheidet sich von der Refraktometrie dadurch, daß bei dieser der Grenzwinkel der Totalreflexion bestimmt wird, während bei der Interferometrie Lichtbeugungserscheinungen verglichen werden.

Zwei kohärente Lichtstrahlenbüschel durchsetzen die beiden Medien, die sich in Glaskammern mit Parallelfenstern befinden. Die Verschiebung der Interferenzstreifen der beiden Lichtbüschel ist ein Maß für die Differenzen der Brechungsexponenten des Inhaltes der beiden Kammern. Es handelt sich also um eine Differenzmethode. Dabei ist der Brechungsindex durch das Verhältnis der Lichtgeschwindigkeiten im dichteren und dünneren Medium gegeben: $n = \dfrac{v_1}{v_2}$.

Die Wirkungsweise des Interferometers läßt sich am besten an einer einfachen schematischen Abbildung erklären (nach *Holm*): „Die durch den Spalt Sp in den Apparat eintretenden und durch eine Linse parallel gemachten Strahlen treten durch die Blenden Bl, welche die Beugungserscheinung hervorrufen, in die getrennten Kammern L und G, passieren die Platten Pl und Pg und werden durch eine Linse wieder gesammelt. Die Zylinderlinse bei OK bildet die Interferenzstreifen in auseinandergezogener Form im Okular ab. Die untere Hälfte des von Sp kommenden Strahlenbündels geht unter den Kammern hindurch und wird im Okular als unveränderlich feststehendes Streifensystem sichtbar. Sind die beiden Kammern mit dem gleichen Medium gefüllt, so entsteht im Okular ein symmetrisches Bild, d. h. die weißen, von zwei schwarzen

Streifen benachbarten Spaltbilder des oberen und unteren Gesichts-
feldes liegen direkt übereinander. Sind aber die Kammern mit verschiedenen Medien gefüllt, so besitzen die durch die Kammern gehenden
Strahlen nun nicht mehr genau dieselbe optische Weglänge, und das
obere Streifensystem erleidet eine Verschiebung. Das symmetrische Bild

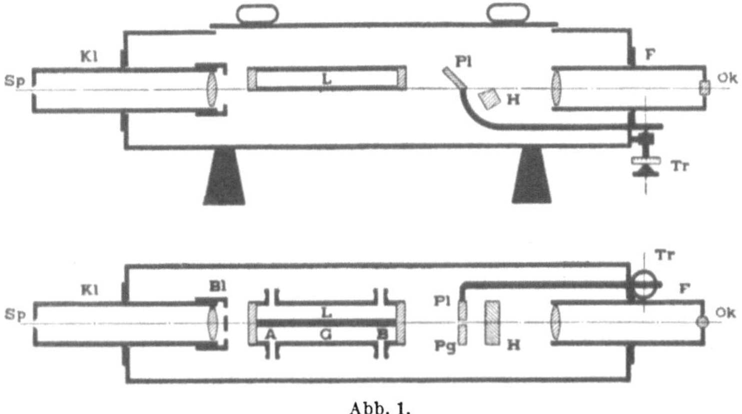

Abb. 1.

wird dadurch wiederhergestellt, daß man durch Drehen der planpar-
allelen Platte Pl die Gangunterschiede ausgleicht; die an der geteilten
Meßtrommel Tr abgelesene Drehung gilt als direktes interferometrisches

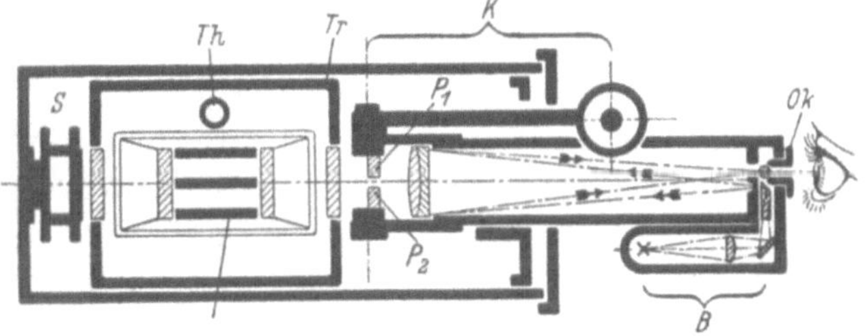

Abb. 2. Horizontalschnitt des Flüssigkeitsinterferometers. *Ok* Okular, *B* Beleuchtungs-
einrichtung, P_1 und P_2 Kompensatorplatten, *K* Kollimator, *Th* Thermometer,
Tr Temperiertrog, *S* Spiegel.

Maß, ebenso wie man vielfach den Brechungsindex in Refraktometer-
skalenteilen angibt." Vgl. obenstehende Skizzen (Abb. 1).

Das gebräuchliche Laboratoriumsmodell ist das Wasserinterfero-
meter von *Zeiß*. Man hat eine Verkürzung der Apparatur dadurch ermöglicht, daß das aus der Richtung des Okulars herkommende Licht
nach dem Durchlaufen der Kammer von dem Spiegel S reflektiert wird
und nochmals durch die Kammer hindurchtritt (Abb. 2).

Die Meßgenauigkeit ist sehr groß (zwei Einheiten der achten Dezimale).

Der Vorteil dieser Methode gegenüber refraktometrischen Messungen
besteht auch noch darin, daß die Temperatur überhaupt nicht berück-

sichtigt zu werden braucht, da zu untersuchende Lösung und Vergleichslösung im Temperiertrog gleichen Bedingungen unterliegen. Allerdings
muß immer erst vor jeder Messung der Temperaturausgleich abgewartet
werden. Etwa vorhandene Unterschiede in der Temperatur äußern
sich in Krümmung und Verbiegung der Interferenzstreifen, so daß man
vor der Ablesung abwarten muß, bis diese senkrecht stehen und keine
Verkrümmungen mehr aufweisen. Als Ausdruck der Differenz im Brechungsvermögen zwischen Liquor und der Vergleichslösung — ich ver-
wende 0,85%ige Kochsalzlösung — wird die seitliche Verschiebung
von Interferenzstreifen gemessen. Ein eingeschalteter Kompensator
gleicht die Verschiebung aus, die Umdrehungszahl der den Kompensator bedienenden Schraube wird als interferometrisches Maß abgelesen.

Bisherige Angaben über die Ergebnisse interferometrischer Liquoruntersuchungen differieren weitgehend. Dieses findet, besonders was
die Unterschiede in den Durchschnittszahlen betrifft, seine Erklärung
in folgendem: *Hirsch* hat in *Abderhaldens* Handbuch besonders darauf
hingewiesen, daß jede Interferometerkammer ein „Individuum" darstellt. An den Schwierigkeiten der Herstellung liegt es, daß z. B. keine
der sog. Zehnmillimeterkammern wirklich so lang ist. Es muß sich
also jeder auf seine „individuelle" Kammer einstellen. Die ermittelten
Interferometerwerte hängen dann auch davon ab, welche Vergleichslösung gewählt wurde (0,85% NaCl-Lösung, Normosal und ähnliches).

Riebeling und *Jakobowski* haben vor mehreren Jahren schon die
Forderung aufgestellt, daß man eine Standardisierung treffen muß.
Der erstere verwendet zur Eichung des Interferometers eine Normosallösung: eine genau 1%ige Lösung, die durch Auflösen einer Ampulle
Normosal in einem 100-ccm-Meßkolben leicht hergestellt werden kann,
ergibt in der Zehnmillimeterkammer den Wert 1250. Wir hielten es für
ratsamer, mit einer 0,85%igen Kochsalzlösung zu arbeiten, da es möglich ist, daß Normosal leichte Schwankungen in seiner Zusammensetzung aufweist. Wenn zudem noch die exakte Kammerlänge angegeben wird, so ist unseres Erachtens die Grundlage zur Erreichung ver-
gleichbarer Ergebnisse gegeben.

Riebeling kam auf Grund sehr eingehender Untersuchungen zu dem
Resultat, daß die Interferometrie ein sehr wichtiges diagnostisches
Hilfsmittel in denjenigen Fällen sei, in denen die anderen Reaktionen
aus Mangel an Empfindlichkeit versagen. So fand er bemerkenswerterweise unternormale Konzentrationen des Liquors bei Epilepsie und auch
bei Schizophrenie. Der Interferometerindex wurde von ihm mit 1360
bis 1380 für Normalfälle angegeben.

Was vermag nun die interferometrische Methode im Rahmen der
gesamten Liquoruntersuchung zu leisten? Als erstes muß hervorgehoben werden, daß sie im Gegensatz zu den chemischen Methoden,
welche die vorhandene Menge einer bestimmten Substanz, z. B. des

Calciums in Milligrammprozent angeben, nur etwas über die Gesamtkonzentration sämtlicher Substanzen auszusagen vermag. Sie ist somit in gewissem Sinne undifferenziert wie alle rein optischen Methoden. *Andererseits kann sie doch sehr wesentliche Aufschlüsse geben, denn sie erfaßt die Liquorzusammensetzung in ihrer Ganzheit, während die üblichen chemischen Methoden nur einen mehr oder weniger wesentlichen Sektor der ganzen Zusammensetzung ermitteln lassen.*

Ich habe seit längerer Zeit vor jeder eigentlichen Liquoranalyse (Eiweiß, Zucker, Lipoidbestimmung usw.) den Interferometerwert bestimmt und gerade diese Messung als Basis weiterer Untersuchungen häufig benutzt. In welcher Weise dies geschehen kann, mag aus folgendem deutlich werden: Von *Riebeling* ist darauf hingewiesen worden,

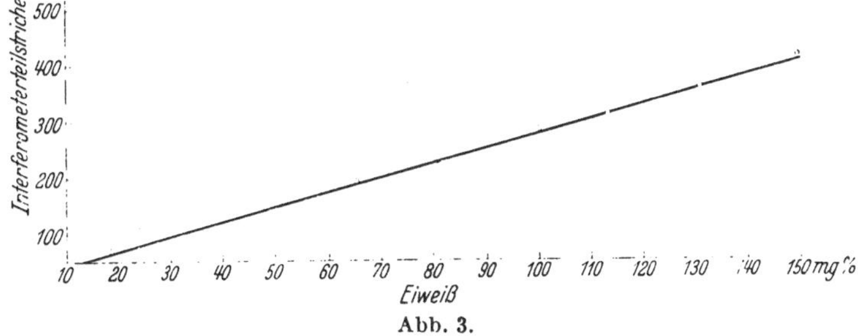

Abb. 3.

daß die Methode Aufschluß über die Konzentration der Eiweißteilchen und der Nichteiweißteilchen im Liquor zu geben verspricht. Durch diese Arbeiten besonders angeregt, habe ich eingehende Untersuchungen über die Beziehungen zwischen der Höhe des nach *Kjeldahl* ermittelten Liquoreiweißes und den Interferometerwerten durchgeführt. Um einen Maßstab dafür zu haben, bis zu welchem Grade Eiweiß allein den Interferometerwert beeinflußt, ist zuerst eine Kontrollkurve mit gestaffelten Eiweißmengen angelegt worden. Das Eiweiß war in 0,85%iger Kochsalzlösung gelöst; als Vergleichslösung war dieselbe Kochsalzlösung gewählt worden, so daß die gefundenen Werte vom Eiweißgehalt allein abhingen. Aus der Kurve (Abb. 3) läßt sich ersehen, daß eine geradlinige Abhängigkeit des Interferometerwertes von der Eiweißkonzentration besteht, wie man es bei dem gleichbleibenden Salzgehalt des Lösungsmittels erwarten mußte.

Die nächsten Kurven (Abb. 4) zeigen, welche Beziehungen zwischen dem nach *Kjeldahl* bestimmten Eiweißgehalt von etwa 100 Liquores (s. Tabellen S. 21—23) und den Interferometerwerten bestehen. Die ermittelten Interferometerwerte entstammen der Differenzmessung gegen 0,85%ige Kochsalzlösung. Normaler Liquor hatte gegen diese Lösung am Interferometer eine Differenz von 450 Teilstrichen im Durchschnitt, bei Verwendung einer Kammer von 20,07 cm Länge. Es schien mir besonders zweckmäßig, mit einer größeren Kammerlänge zu arbeiten als die vorhergehenden Untersucher, um so die Methode empfindlicher zu gestalten.

Die untere Kurve wurde mit gestaffelten Eiweißverdünnungen aufgenommen und entspricht der Kurve Abb. 3. Ich habe diese Kurve als Eiweißbasis bezeichnet. Der senkrechte Abstand jedes Interferometerwertes von dieser Kontrollkurve aus (z. B. Strecke AX) gibt mit einer gewissen Annäherung an, in welchem Maße Nichteiweißteilchen, also zur Hauptsache Salze, im Liquor vorhanden sind. Die Gesamtzahl der für jeden Liquor gemessenen interferometrischen Teilstriche ist

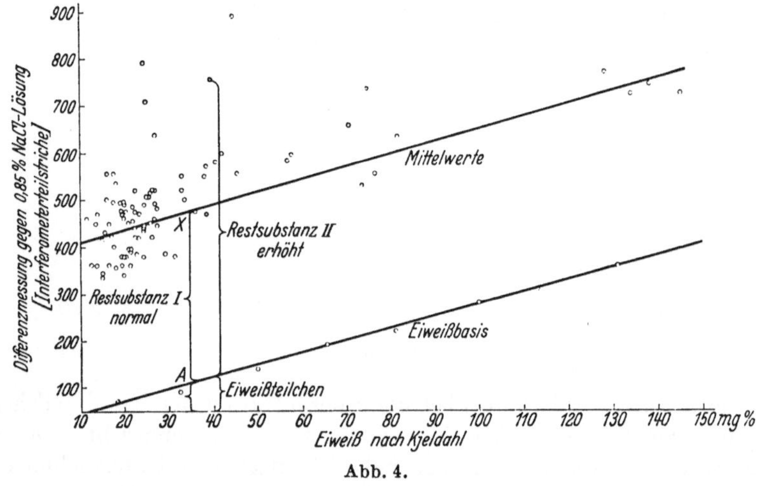

Abb. 4.

somit in zwei Abschnitte eingeteilt, in Eiweißteilchen und Nichteiweißteilchen. Die Eiweißbasis stellt die Trennungslinie dar. Es ist erstaunlich, wie gering der Einfluß des Eiweißes bei den normalen Konzentrationen ist. Z. B. beträgt er bei 24 mg-% Eiweiß nur $^{1}/_{10}$ dessen, was die Nichteiweißteilchen an Brechungsvermögen aufweisen. Bei etwa 50 mg-% Eiweiß ist der Anteil des durch Eiweiß bedingten Brechungsvermögens schon bedeutend größer. Diese Proportion verschiebt sich mehr und mehr; bei 150 mg-% etwa beträgt sie 1:1, d. h. Eiweiß und Salzgehalt wirken sich optisch gleichmäßig aus.

Was bedeuten nun besonders starke Abweichungen nach oben von den Mittelwerten der oberen Kurve? (vgl. Abb. 4). Diese weisen zweifellos auf eine erhebliche Vermehrung der Nichteiweißsubstanzen hin. Ich möchte diese zweckmäßig als „Restsubstanzen" bezeichnen, da sie neben dem Gehalt an Kochsalz und anderen Salzen auch Lipoide enthalten und eine Unmenge anderer Stoffe mehr. So fand ich sehr starke Abweichungen nach oben bei erhöhtem Liquorzucker; bei Reststickstofferhöhungen im Liquor kam das gleiche vor. Ein stärker erhöhter

Lipoidgehalt wird sich vermutlich ebenfalls optisch auswirken. Ich führe in folgendem einige besonders instruktive Fälle an, die die Leistung derartiger optischer Liquoruntersuchungen demonstrieren.

Der erste Fall betrifft einen 62jährigen Mann, der eingeliefert wurde, nachdem seit mehreren Tagen ein Zustand von leichter Benommenheit und eine gewisse Desorientiertheit bestand. Er reagierte eben noch auf Anrede und kam Aufforderungen nach. Wir stellten einen Nystagmus beim Blick nach links fest, die Pupillen reagierten prompt. Bei der Untersuchung des Augenhintergrundes fand sich beiderseits eine stärkere Papillitis, links war eine kleinere Blutung in der Nähe der Papille vorhanden. An der rechten unteren Extremität ließen sich spastische Zeichen nachweisen. Der Blutdruck betrug 205/100 mm Hg. Im Urin vereinzelte granulierte Zylinder, reichlich Erythrocyten. Eiweiß (+), Aceton, Acetessigsäure, Zucker negativ. Der Reststickstoff im Blut betrug 67 mg-%. Der Liquor hatte einen Interferometerwert von 706 (s. nachfolgende Tabelle).

Bei einem weiteren Fall, den wir zum Vergleich heranziehen wollen, handelte es sich um einen 58jährigen Mann, der seit etwa 1 Jahr an Schwindelanfällen und starken Kopfschmerzen litt. Des Nachts waren des öfteren delirante Zustände aufgetreten. Bei der Aufnahme war er stark desorientiert. Der neurologische Befund bot keine Besonderheiten. Der Blutdruck betrug 150/85 mm Hg. Dem psychischen Befund nach lag eine typische arteriosklerotische Demenz vor. Anzeichen einer Nierenschädigung bestanden nicht. Der Interferometerwert des Liquors betrug 425 Teilstriche.

Als 3. Fall haben wir einen somatisch völlig Gesunden herangezogen. Hier lagen nur sehr leichte postkommotionelle Beschwerden vor. Er hatte einen Interferometerwert von 487, der den normalen Durchschnittswerten der Kurve (Abb. 4) entspricht.

Wir vergleichen nun die Liquorbefunde dieser 3 Fälle.

Tabelle 1.

Fall	Diagnose	Zellen	Interferometerwert	Goldsolkurve	Eiweißrelationen			Rest-N	Ges.-Eiweiß nach *Kjeldahl*
					Ges.-Eiweiß	Alb.	Glob.		
1	Nephrosklerose	2 3	706	01110	1,0	0,8	0,2	19,08	25,13
2	Arteriosklerotische Demenz	2 3	425	00000	0,9	0,7	0,2	8,93	16,81
3	Neurol. o. B.	1 3	487	00000	1,0	0,8	0,2	16,25	24,25

Würde man vom Interferometerwert absehen, so wären alle drei Liquorbefunde als praktisch völlig normal zu bezeichnen. Ganz anders verhält es sich, wenn man das optische Verhalten berücksichtigt. Der Interferometerwert von Fall 2 und 3 entspricht der Norm, derjenige des Falles 1 ist etwa um 250 Teilstriche erhöht und zeigt somit krankhafte Liquorveränderungen an.

In der Tat lag klinisch ein präurämischer Zustand vor. Dieses ergibt sich aus der erheblichen Blutdrucksteigerung, dem Urinbefund und dem deutlich erhöhten Reststickstoff des Blutes. *Der einzige pathologische Befund, der trotz ausgesprochener cerebraler Symptome im Liquor erhoben werden konnte, war der hohe Interferometerwert.* Worauf ist nun diese Konzentrationserhöhung des Liquors zu beziehen? Der Reststickstoff befindet sich im Liquor erst an der oberen Grenze der Norm. Durch Vergleich mit Fall 3 kann man leicht feststellen, daß eine derartige Konzentration an Reststickstoffkörpern nicht ausreicht, um den hohen Interferometerwert zu verursachen. Eine Vermehrung des Liquoreiweißes liegt mit 25 mg-% ebenfalls nicht vor. Diese Steigerung der Konzentration des Liquors muß also zum großen Teil durch nichtstickstoffhaltige Körper bedingt sein, die während der bestehenden präurämischen Phase in den Liquor übergingen. Welcher Art die Substanzen waren, hätte man durch Prüfung auf Dialysierbarkeit noch klären können.

Das Wesentlichste ist aber, daß die optische Methode diese Stoffe erfaßte, während die übliche Methodik der Liquoruntersuchung versagte. Aus diesen Ausführungen geht hervor, welch wichtige Hinweise sich aus der an und für sich undifferenzierten Methode doch ergeben können, sobald man sie mit einer exakten Eiweißbestimmung verbindet. Die gefundenen Interferometerwerte lassen sich mit Hilfe der erwähnten „Eiweißbasis" nach Eiweißteilchen und Nichteiweißteilchen aufteilen, so daß man mit gewisser Annäherung einen Anhalt über die Höhe der „Restsubstanzen" des Liquors bekommt. Für die niedrigen Eiweißkonzentrationen, die sowieso das Brechungsvermögen des Liquors nur sehr wenig beeinflussen, gilt dieses zweifellos [1].

Die Hauptbedeutung der Bestimmung der Nichteiweißteilchen des Liquors scheint mir besonders darin zu liegen, daß die Feststellung ihrer Höhe eine sehr einfache Kontrolle der Vollständigkeit einer Liquoranalyse darstellt. Es sollte immer versucht werden, das Zustandekommen abweichend hoher Werte der Restsubstanzen durch eine eingehende Liquoranalyse zu klären. Ist das Eiweiß völlig normal, sind Zucker- und Kochsalzgehalt nicht erhöht, so wird man auf jeden Fall eine Bestimmung des Cholesterins oder auch des Lecithins heranziehen müssen, ehe man sagen

---

[1] Das angegebene Verfahren hat den Vorzug besonderer Einfachheit und ist leicht für klinische Zwecke durchzuführen. Will man allerdings eine exaktere Trennung zwischen den kolloidalen und nichtkolloidalen Substanzen durchführen, so sind kompliziertere Maßnahmen nötig. Es gelingt, mittels Ultrafiltration im sog. Thiessenapparat eiweißfreie Filtrate des Liquors zu erhalten, während man durch die Dialyse (Cellophanmembranen) die Elektrolyte völlig entfernen kann, so daß reine Lösungen von Liquoreiweiß zur genaueren optischen Untersuchung vorliegen *(Scheid)*.

kann, daß der Liquor nicht pathologisch verändert war. Auch die Bestimmung der Reststickstoffsubstanzen wäre erforderlich.

Abschließend kann man über die Interferometrie des Liquors sagen, daß sie eine wertvolle Grundlage darstellt, auf der weitere spezielle Liquoruntersuchungen aufgebaut werden können. Man muß ihr nur den richtigen Platz anweisen und in ihr nicht etwa eine Methode zur Eiweißbestimmung sehen wollen. Denn das ist sie nach dem eben Ausgeführten auf keinen Fall, wenigstens solange man sich auf die Untersuchung des Nativliquors beschränkt.

3. Neben der Messung des Brechungsvermögens hat die Bestimmung der Dichte des Liquors ein gewisses Interesse. Die Angaben über das *spezifische Gewicht* weisen gewisse Differenzen auf. Dieses beruht auf der methodischen Schwierigkeit, die dadurch gegeben ist, daß man meist nur kleine Liquormengen zur Verfügung hat. Erst die in letzter Zeit vorgenommenen Entnahmen von größeren Liquormengen bei der Encephalographie haben es möglich gemacht, genaue Untersuchungen durchzuführen. Nach diesen beträgt die Durchschnittszahl für das spezifische Gewicht des Liquors etwa 1006 bis 1009.

Zu der Bestimmung hat *Kindler* die *Pregl*sche Wägepipette benutzt, ein Verfahren, das ein sehr subtiles Arbeiten voraussetzt. Wir verdanken nun *Riebeling* eine recht originelle und dabei einfache Methode zur Untersuchung kleiner Liquormengen. Es handelt sich um folgendes Verfahren:

„Durch sorgfältige Bestimmungen mittels einer Torsionswaage wird das Gewicht einer kleinen Glasspindel in destilliertem Wasser festgestellt, deren Gewicht in Luft durch einmalige Bestimmung mittels einer analytischen Waage bekannt war. Dieses ‚Wassergewicht‘ wird jedesmal vor Beginn einer Messung oder einer Reihe von Messungen ermittelt, da auf diese Weise atmosphärische Einflüsse mit genügender Genauigkeit ausgeschaltet werden können. Das Gewicht des Liquors wird nämlich lediglich durch Bezug auf diese Größe festgestellt, indem die Spindel in Liquor gewogen wird, worin sie natürlich leichter erscheinen muß. Von dem ermittelten Luftgewicht der Glasspindel wird nun einerseits das ‚Liquorgewicht‘, andererseits das ‚Wassergewicht‘ abgezogen, und die beiden Differenzen werden durcheinander dividiert. Das Divisionsprodukt gibt unmittelbar die spezifische Schwere des Liquors an.“ Die Anordnung (vgl. Abb. 5) setzt eine gute Torsionswaage voraus; durch Lupenablesung wird der Ausschlag ermittelt, so daß sich Halbe und Viertel von Zehntelmilligrammen noch gut ablesen lassen.

Die ganze Apparatur wird von der Firma Ströhlein & Co in Hamburg geliefert.

Riebeling gibt an, daß die Fehlergrenze der Methode sehr niedrig sei; für 1 ccm Liquor liege sie innerhalb 0,00002. Er hat die mit dieser Methodik gefundenen Werte und speziell die Durchschnittsresultate, die unter

Berücksichtigung des mittleren Fehlers des Mittelwertes ausgerechnet wurden, in Tabelle 2 zusammengestellt.

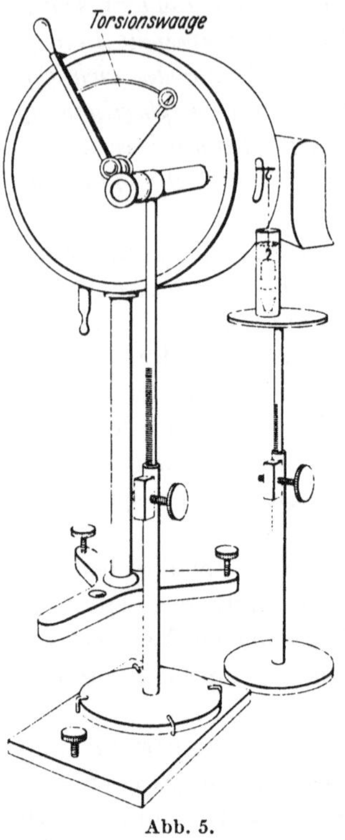

Abb. 5.

Ganz normale Liquores hatten spezifische Gewichte von 1007,70, 1007,79, 1007,90 und 1008,09. Die niedrigsten überhaupt gefundenen Werte fanden sich bei der Schizophrenie. Bei Fällen von Epilepsie, Paralyse und Schizophrenie, sowie bei verschiedenartigen organischen Krankheiten ergaben sich kaum besondere Diskrepanzen im spezifischen Gewicht (s. Tabelle 3).

Man muß allerdings hervorheben, daß doch gewisse diagnostische Hinweise gewonnen werden können. Findet man z. B. bei einem als Schizophrenie angesprochenen Fall eine sehr hohe Dichte des Liquors, so ist das recht auffällig und kann auf eine Fehldiagnose hindeuten. *Riebeling* wies ferner nach, daß deutliche Dichteunterschiede in den verschiedenen Abschnitten des Liquorraumes bestehen. Dieses wurde an Befunden, die während einiger Encephalographien erhoben wurden, festgestellt. Bei den ausgeprägten Liquorveränderungen im Verlaufe einer Meningitis, bei der Urämie, aber auch bei Diabetes wird eine mehr oder weniger erhebliche Erhöhung des spezifischen Gewichtes beobachtet. *Kafka* hat im Status epilepticus sogar einen Wert von 1026 gefunden. Der Bestimmung des spezifischen Gewichtes

Tabelle 2.

Zahl der Fälle	Diagnose	M (Mittelwert)	m = mittlerer Fehler	M ± 3 m Streuungsbreite
82	Alle Fälle	1008,20	0,069	1008,20 ± 0,207 1007,93 — 1008,407
10	Normale	1007,72	0,076	1007,72 ± 0,228 1007,49 — 1007,95
21	Paralyse	1008,05	0,119	1008,05 ± 0,357 1007,693 — 1008,407
11	Schizophrenie	1007,10	0,067	1007,10 ± 0,2015 1006,80 — 1007,30
12	Epilepsie	1008,36	0,263	1008,36 ± 0,79 1007,57 — 1009,15

des Liquors kann entnommen werden, ob eine pathologische Vermehrung der Liquorsubstanzen eingetreten ist.

4. Während der Bestimmung der Dichte des Liquors keine allzu wesentliche diagnostische Bedeutung zukommt und sie mehr von theoretischem Interesse ist, erscheint die nun zu *besprechende Methode der Spektrographie in ausgesprochenem Maße dazu berufen zu sein, der Liquordiagnostik neue Möglichkeiten zu eröffnen.*

Die Anwendung der Spektrographie in der Liquordiagnostik ist nicht ganz neu. Frühere Untersucher hatten sich zunächst lediglich die Aufgabe gesetzt, eine Feststellung von Blutbeimengungen oder die Anwesenheit von Gallenfarbstoff im Liquor mittels spektroskopischer Untersuchungen zu erreichen. Während der letzten Jahre wurde jedoch mittels der Spektrophotographie die Lichtabsorption durch den Liquor untersucht. Nach den Erfahrungen einer Reihe von Autoren gelingt es, durch sie organische Stoffe in Mengen nachzuweisen, die mittels chemischer Methoden nicht erfaßt werden konnten. *Damianovich, Williams* und *Pirosky* benutzten z. B. das Verfahren, um im Rahmen von Permeabilitätsuntersuchungen einen Salicylsäurenachweis im Liquor zu führen. *Skinner* hat angegeben, daß man lediglich auf Grund der Spektra Unterschiede zwischen den Liquores bei Meningismus, Meningitis, der multiplen Sklerose, Tabes und Paralyse finden könne.

Die grundlegenden Untersuchungen über den Anwendungsbereich der Spektrographie innerhalb der Liquordiagnostik sind indessen von *Pruckner* und *Scheid* durchgeführt worden. Diese hatten sich anfangs zur Aufgabe gestellt, die Spektrographie zum Nachweis chemisch unbekannter, aber biologisch wirksamer Substanzen im Liquor zu verwenden. Sie wiesen darauf hin, daß sich die Methodik schon bei wichtigen biochemischen Problemen hervorragend bewährt habe, z. B. bei der Entdeckung des Ergosterins durch *Windaus* und *Pohl*. Im Verlauf dieser Untersuchungen sind zahlreiche Lumbalpunktate der verschiedensten Herkunft spektrographisch untersucht worden. Man hat die Gesamtabsorption des Liquors gemessen und in den einzelnen Spektralbereichen bestimmt, und erhielt so schon sehr wesentliche und interessante Unterschiede. Die Autoren waren somit dazu übergegangen, die Methode nicht mehr zur Suche nach einzelnen bestimmten Stoffen einzusetzen, sondern die Gesamtabsorption des nativen Liquors festzulegen. Diese

Tabelle 3. Einzelbefunde.

Schizo-phrenie	Paralyse	Epilepsie	Normal
1006,87	1006,90	1007,13	1007,19
1006,93	1007,18	1007,49	1007,40
1006,95	1007,46	1007,54	1007,70
1007,00	1007,73	1007,66	1007,75
1007,02	1008,17	1007,67	1007,76
1007,02	1008,28	1007,71	1007,78
1007,02	1008,56	1008,04	1007,79
1007,04	1008,70	1008,11	1007,83
1007,13		1008,29	1007,90
1007,40		1008,29	1008,09
1007,66		1008,83	
		1008,84	

Zielsetzung bringt einen ganz wesentlichen Fortschritt; denn bisher war man lediglich darauf bedacht, im Liquor nach der Enteiweißung einzelne Substanzen spektrographisch erfassen zu wollen. Über das Spektralbild des nicht enteiweißten Liquors wurde meist nur angegeben, daß es dem des Serumeiweißes sehr nahe käme. Man hatte sich aber bislang keineswegs um eine Differenzierung der Absorptionskurven des Nativliquors bei den verschiedenen Erkrankungen bemüht.

Von *Pruckner* ist nun eine charakteristische Absorptionskurve für den Liquor von Paralytikern festgestellt worden. Diese Kurve hat für die Erkrankung etwa dieselbe Spezifität wie die Goldsol- oder Mastixreaktion. Es konnte ferner festgestellt werden, daß die spektrographisch aufgenommene Kurve des Paralyseliquors mit derjenigen, die mit einer Serumverdünnung aufgenommen wurde, weitgehend identisch ist.

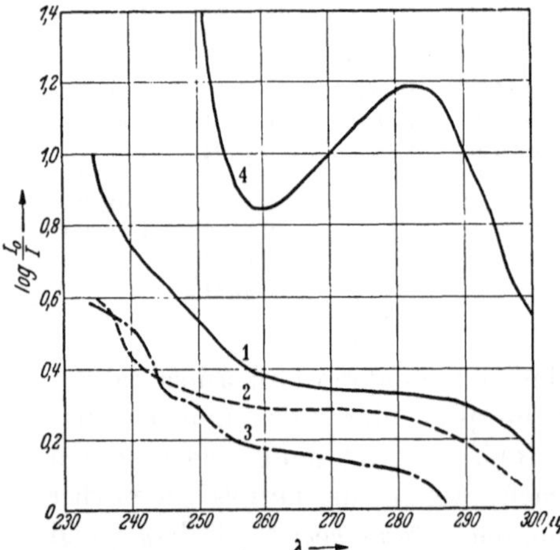

Abb. 6. Kurve 1: Normaler Nativliquor. Kurve 2: Derselbe dialysiert. Kurve 3: Ultrafiltrat desselben Liquors. Kurve 4: Kurve eines nativen Paralyseliquors.

Die erwähnten Autoren arbeiteten nach der *Scheibe*schen Methode, deren Beschreibung wir ihrer Arbeit entnehmen: „Das Prinzip ist kurz angedeutet folgendes: Durch die zu untersuchende Lösung einerseits und eine Cuvette mit reinem Lösungsmittel andererseits (in unserem Falle Ringerlösung) wird gleichzeitig Licht geschickt. Ein rotierender Sektor mit variablem Öffnungswinkel erlaubt es, in willkürlicher Weise den durch das Lösungsmittel auf die Platte treffenden Lichtstrahl zu schwächen. Gleichzeitig erscheint auf der Platte die andere Hälfte des Spektrums, in der die Intensität an jeder Stelle des aufgenommenen Wellenbereiches durch die zu untersuchende Lösung in verschiedenem Maße geschwächt wurde. Notwendigerweise ergibt sich für jeden Grad der Lichtschwächung, dessen Maß in unseren Kurven gekennzeichnet ist durch die Größe $\lg \frac{Jo}{J}$, eine bestimmte Stelle der Wellenlängenskala, in den Kurven mit λ bezeichnet, wo die willkürlich erzeugte Lichtschwächung mit der durch die gelösten Stoffe verursachten gleich ist. Jede solche Stelle ergibt dann jeweils einen Meßpunkt der Kurve."

Scheid und *Pruckner* haben einige charakteristische Extinktionskurven des nativen Liquors gefunden und unterscheiden zwei Haupttypen. Die der ersten Gruppe werden als sog. Wendepunktskurven bezeichnet (vgl. Abb. 6). „Sie haben ein im Gebiete von 280/290 mμ liegendes Maximum, worauf nach einem flacheren Stück der Absorptionskurve ein neuer steilerer Anstieg bei etwa 240—250 mμ beginnt." In der Abbildung sind die Kurven für Nativliquor, für Liquor nach der Dialyse und

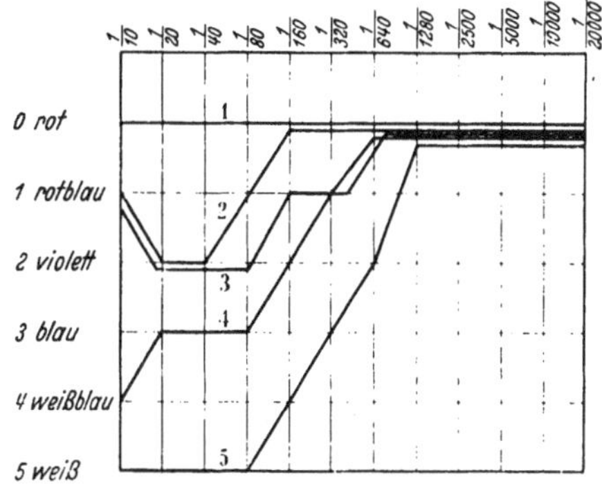

Abb. 7a und b. a Extinktionskurven von 5 Liquores mit zunehmend ausgeprägter S-Form der Kurve (auf einen gemeinsamen Scheitelpunkt bezogen). b Zugehörige Goldsolkurven.

schließlich die Kurve des Ultrafiltrates gebracht worden. Die oberste Kurve wurde mit nativem Paralyseliquor aufgenommen. Sämtliche Kurven zeigen ein Flacherwerden bei 285 mμ, sie haben eine für sie typische S-Form.

Die obenstehenden Abb. 7a und b zeigen, welche überraschende Parallelität zwischen den Absorptionskurven und dem Ausfall der Goldsolreaktion besteht.

Der zweite Kurventypus hat keinen deutlichen Wendepunkt und wird als sog. Steilkurve bezeichnet. Die Steilkurven lassen sich wiederum in zwei Gruppen einteilen. Zunächst gibt es Liquor-Steilkurven, bei denen

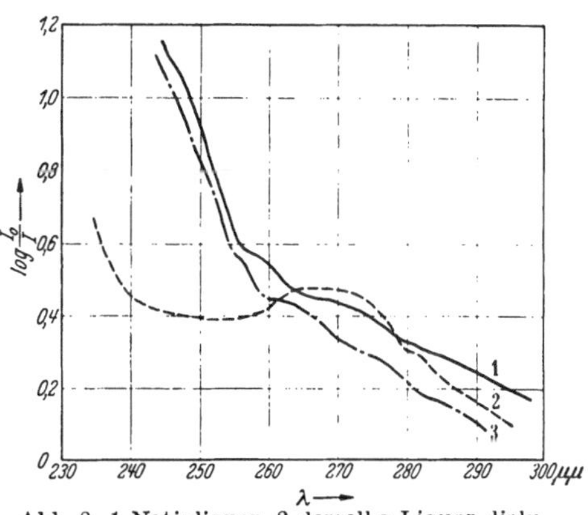

Abb. 8. 1 Nativliquor, 2 derselbe Liquor dialysiert, 3 Ultrafiltrat. Typische Steilkurve des Nativliquors mit Heraustreten der Wendepunkskurve nach der Dialyse.

nach Durchführung einer Dialyse eine Wendepunktskurve zum Vorschein kommt (Abb. 8).

Es sind hier also Stoffe, die besonders stark im Bereich von 240 bis 270 mμ absorbieren, durch die Dialyse entfernt worden. Sie sind aber im Ultrafiltrat vorhanden, da dieses gerade in dem erwähnten Wellenlängenbereich stark absorbiert. Über die Natur dieser Stoffe weiß man bislang nichts Sicheres.

Der zweite Typus der Steilkurven ist derjenige, bei dem nach der Dialyse, die Wendepunktskurve nicht erscheint (vgl. nachfolgende Abb. 9). *Dem Verlauf der Kurve 3 nach müssen im Ultrafiltrat schwer dialysable,*

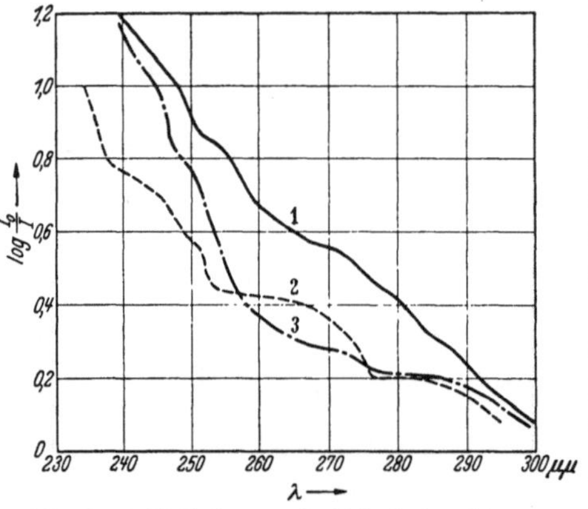

aber ultrafiltrable Substanzen vorhanden sein, die andersartiger Natur sind, als die leicht durch Membrane diffusiblen Stoffe des Liquors. Über ihre chemische Natur weiß man zur Zeit ebenfalls noch nichts. Durch die schönen Untersuchungen von *Pruckner* und *Scheid* sind aber einige ihrer Eigenschaften, wie Diffusibilität, Ultrafiltrabilität und Lichtabsorption bekannt. *Es besteht durchaus die Wahrscheinlichkeit, daß diese Körper noch eine besondere diagnostische Bedeutung gewinnen können; die*

Abb. 9. 1 Nativliquor, 2 dialysierter Liquor, 3 Ultrafiltrat. Typische Steilkurve, keine Wendepunktskurve nach der Dialyse.

beiden Autoren haben z. B. bei akuten Katatonien die erwähnten Steilkurven gefunden und somit auf ein Vorliegen der ultrafiltrablen Substanzen geschlossen. Bemerkenswerterweise hatten die üblichen Methoden der Liquoruntersuchung in diesen Fällen keinen pathologischen Befund ergeben.

Die spektrographische Methode findet aber noch weitere Anwendungsmöglichkeiten bei Liquoruntersuchungen, die allerdings etwas mehr auf theoretischem Gebiete liegen. Z. B. zur Bestimmung des

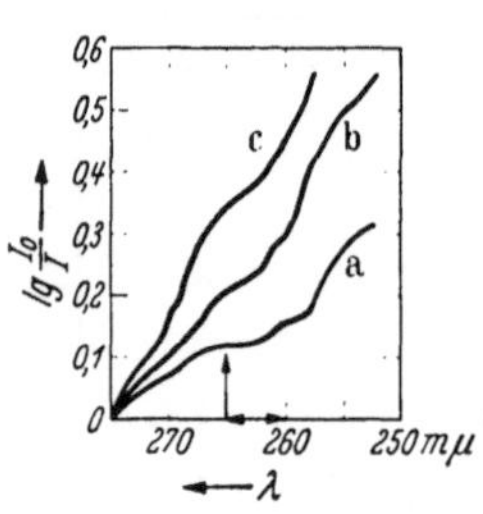

Abb. 10. Askorbinsäure in 3%iger Trichloressigsäure. a = 6,5 γ/ccm, b = 13 γ/ccm, c = 19,5 γ/ccm.

Vitamins C im Gehirn und in der Cerebrospinalflüssigkeit wurde dieses Verfahren gewählt, um die Ergebnisse chemischer Untersuchungen zu kontrollieren. Die physikalischen Messungen zur Bestimmung der Askorbinsäure sind von *Pruckner* durchgeführt worden. Nach diesen Ergebnissen beginnt die Absorption einer frisch hergestellten Askorbinsäurelösung (s. Abb. 10) bei etwa 275 mμ, steigt dann bis zu 265 mμ steil an und zeigt nach einem flachen Stück bei 260 mμ einen weiteren Anstieg.

In der folgenden Abbildung 11 bringen wir eine weitere von *Pruckner* gefundene Absorptionskurve eines Liquors von geringem Askorbinsäuregehalt (ein γ pro Kubikzentimeter). Die Kurve a wurde nach Zusatz von 3%iger Trichloressigsäure aufgenommen, die Kurve b nach Zusatz von 9 γ pro Kubikzentimeter zu derselben Lösung, die Kurve c nach völliger Enteiweißung mit Quecksilberacetat. Man sieht, daß im Trichloressigsäurefiltrat noch Substanzen vorhanden sind, die eine starke Absorption in dem fraglichen Gebiet besitzen. Erst eine anschließende Fällung mit Quecksilberacetat und eine Schwefelwasserstoffbehandlung bringen sie zum Verschwinden. Aber auch im ursprünglichen Trichloressigsäurefiltrat ist die Höhe der Ordinate an der Stelle 275 mμ nahezu gleich der Höhe an der Stelle 265. Die Erhöhung der Absorption durch die zugesetzte Askorbinsäure beginnt bei 275 mγ. Man mißt demnach zweckmäßig nicht die Gesamthöhe der Ordinate an der Stelle 265 mμ aus, sondern die Differenz zwischen 265 und 275 mμ. In diesem Falle errechnet sich so ein Gehalt von 9,3 γ pro Kubikzentimeter an Stelle des theoretischen Wertes von 10 γ pro Kubikzentimeter.

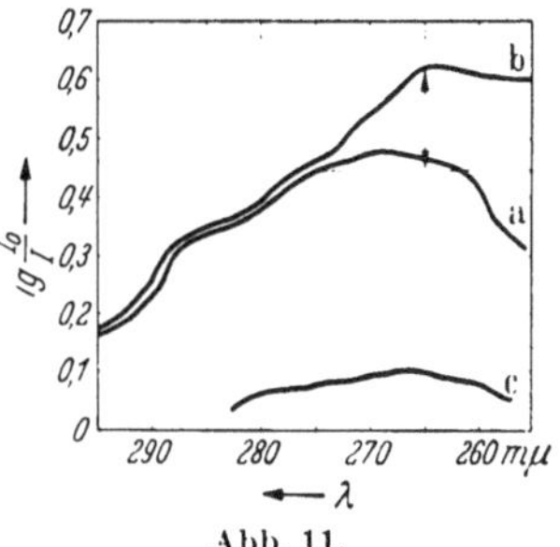

Abb. 11.

Die Bestimmung des Askorbinsäuregehaltes des Liquors wird folgendermaßen ausgeführt: Der Liquor wird mit 3%iger Trichloressigsäure und einigen Tropfen Quecksilberacetat versetzt, das Quecksilber durch Schwefelwasserstoff ausgefällt und der überschüssige Schwefelwasserstoff durch Kohlensäure verdrängt; eine unvollständige Ausfällung des Quecksilbers könnte zu große Askorbinsäurewerte vortäuschen.

Als Vergleichslösung wurde, der Liquormenge entsprechend, 0,85%ige Kochsalzlösung mit Trichloressigsäure und Natriumacetat versetzt. Die folgende Tabelle gibt den Vergleich spektroskopisch gefundener und durch Titration ermittelter Werte von 7 Liquores. Das angewandte chemische Verfahren war die von *Harris* modifizierte *Tilmann*sche Methode (Titration mit 2,6 — Dichlorphenol — Indophenol in saurer Lösung [p_{II} 3]).

Tabelle 4.

	Askorbinsäuregehalt mg-% im Liquor vom Menschen						
Titration	2,3	2,2	1,9	0,7	1,5	2,2	3,3
Spektrographische Bestimmung	3,3	2,1	1,6—1,8	0,8	1,8 —2,0	2,4 —2,5	3,6—3,8

Die Übereinstimmung ist eine recht gute. Daß die titrierten Werte zum Teil etwas tiefer liegen als die durch die spektrographische Methode ermittelten, soll daher kommen, daß ein geringer Bruchteil der im Liquor vorhandenen Askorbinsäuremenge durch Oxydation verloren ging, der aber mit der spektrographischen Methode noch nachweisbar ist.

B. Spezielle physikalische Untersuchungsmethoden.

I.

1. Ich gehe nun zur Darstellung der Untersuchungsmethoden über, die sich mit der Bestimmung einzelner Liquorbestandteile befassen. Zunächst einige kritische Bemerkungen zu den bisherigen chemischen Methoden.

Seit langem ist die Bestimmung des Eiweißgehaltes des Liquors durchgeführt worden. Die Eiweißverhältnisse erfahren in den meisten Fällen eine sehr deutliche Veränderung, sobald sich überhaupt Erkrankungen des Zentralnervensystems im Liquor manifestieren. Bereits die Kenntnis der Höhe des Gesamteiweißes gewährt wichtige diagnostische Einblicke. So tritt in einer Zusammenstellung von *Plaut* über Liquorveränderungen bei Tumoren der diagnostische Wert dieser Eiweißbestimmungen deutlich hervor. In gleicher Häufigkeit fand sich neben dem erhöhten Gesamteiweiß auch erhöhtes Cholesterin, so daß man annehmen kann, daß verwandte Mechanismen für die Erhöhung beider Substanzen im Liquor verantwortlich zu machen sind. Die diagnostischen Schlüsse können dann weiterhin dadurch verfeinert werden, daß man das Ergebnis der Gesamteiweißbestimmung zu den Globulinreaktionen oder besser noch zu quantitativen Globulinbestimmungen in Beziehung setzt. Ist z. B. das Gesamteiweiß normal oder leicht vermehrt bei stark positiver *Nonne*scher oder *Pandy*scher Reaktion, so ist sicher die Globulinfraktion des Liquors erhöht, ein häufiger Befund bei Neurolues. Umgekehrt handelt es sich bei schwachen bzw. negativen Globulinreaktionen und stärker erhöhtem Gesamteiweiß zur Hauptsache um eine Albuminvermehrung — oft ein Zeichen beginnender Meningitis, aber auch ein Syndrom, das bei Geschwülsten des Zentralnervensystems beobachtet wird.

Dieses Prinzip ist nun in der sehr verbreiteten *Zentrifugiermethode,* der sog. Eiweißrelation, weitgehend benutzt worden. Diese ist auf dem *Nissl*-Prinzip aufgebaut. Gerade das Verhältnis Albumin zu Globulin findet besondere Berücksichtigung und diagnostische Verwertung. In unserer Klinik wird diese Methode seit mehreren Jahren durchgeführt, so daß wir über ein Material von einigen tausend Liquores verfügen. Die Methode eignet sich für klinische Zwecke recht gut. Sie ist rasch durchführbar. Die Resultate sind leicht abzulesen. *Plaut,* in dessen Laboratorium die Eiweißbestimmung nach *Custer* entwickelt wurde, hat allerdings gewisse Bedenken dieser Methode gegenüber. Wir hatten uns auf Grund der bisherigen Erfahrungen die Meinung gebildet, daß die Resultate für praktisch-klinische Zwecke ausreichend wären und fanden uns somit in Übereinstimmung mit *Demme,* der ebenfalls schreibt, daß er durchaus brauchbare Resultate erzielte; an einem großen Material habe sich die Methode nach seinen Erfahrungen gut bewährt.

Da sie jedoch keinen Anspruch erheben kann, als eine im chemischen Sinne quantitativ arbeitende Methode zu gelten, erschien es uns wesentlich, die Beziehungen aufzustellen, die zwischen der volumetrisch bestimmten Eiweißmenge (1. Zahl nach *Kafka* = Gesamteiweiß) und einer Reihe von Eiweißwerten bestehen, die unter Anwendung einer exakten physiologisch-chemischen Methode ermittelt wurden. Um eine möglichst genaue Ablesung der Eiweißsedimente zu erzielen, verwandten wir ein nach unseren Angaben hergestelltes Ablesungsmikroskop (Abb. 12). Die Ablesungen wurden stets von demselben Untersucher durchgeführt. Die Erfahrungen mit den verschiedensten Methoden zur Bestimmung des Liquoreiweißes zeigten jedoch immer wieder, auf welch unerwartete Schwierigkeiten eine exakte Bestimmung stößt; der Liquor ist eben eine ungemein eiweißarme Flüssigkeit, die neben großen Mengen von stickstoffhaltigen Nichteiweißkörpern nur wenig Proteinstickstoff enthält. Eine geeignete Technik der Enteiweißung ist daher besonders wichtig.

Bereits *Zdenko, Stary, Winternitz* und *Kral* führten eine Kombination des *Kjeldahl*-Verfahrens mit einer Zentrifugierung des Eiweißniederschlages durch. Sie konnten mit dieser Methode Gesamteiweiß, Globuline und Albumine getrennt voneinander mit guter Genauigkeit bestimmen. Die Fällung des Eiweißes wurde mit Trichloressigsäure vorgenommen. *Riebeling* hat in einer ausführlichen Zusammenstellung über neuere Methoden der Liquoreiweißbestimmung die Befunde der

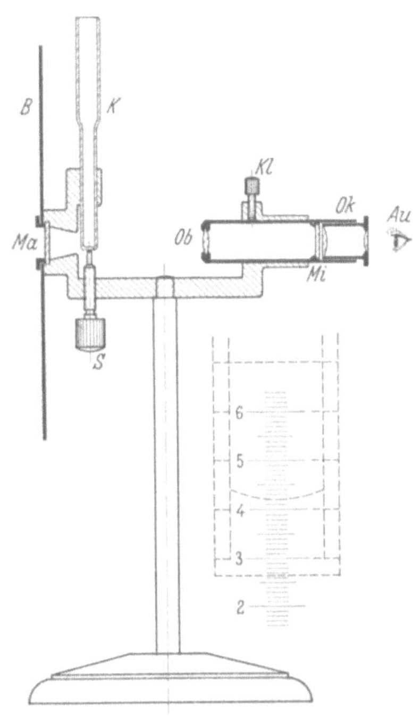

Abb. 12. Ablesungsmikroskop für volumetrische Eiweißbestimmung. *Ok* Okular, *Mi* Okularmikrometer, *Kl* Klemmschraube, *Ob* Objektiv, *K Kafka*-Röhrchen, *S* Stellschraube für Höhenverstellung, *Ma* Mattscheibe, *B* Schutzschirm.

erwähnten Autoren mit dem Ergebnis der Eiweißrelation verglichen und gefunden, daß sich eine gute Übereinstimmung ergab.

Eine der wesentlichsten Grundlagen der Liquoruntersuchung ist selbstverständlich die Festlegung der Höhe des normalen Eiweißes, um dadurch eine Abgrenzung gegenüber leicht erhöhten pathologischen Werten zu ermöglichen. Besonders bei gutachtlichen Äußerungen über neurologische Symptomenkomplexe, die klinisch verhältnismäßig wenig Erscheinungen machen, z. B. leichte Meningopathien, kann die Höhe des Gesamteiweißes von ganz wesentlicher Bedeutung sein. Die meisten deutschen Autoren setzen das Gesamteiweiß des Normalen mit 15—25 mg-% ein, nur in seltenen Fällen sollen 33 mg-% erreicht werden *(Plaut:* Methode nach

Custer). Die Methode der Eiweißrelation, ferner die nephelometrische Liquor-Eiweißbestimmung *(Custer)*, die sich klinisch gut bewährt haben, schienen bisher bei Vergleich mit dem im physiologisch-chemischen Sinne exakten Verfahren des Kjeldahlisierens verläßlich genug. Auch herrschte betreffs der Höhe des Gesamteiweißes und dessen normaler Variationsbreite unter den verschiedenen Autoren Übereinstimmung.

Nun wurden aber von *Sander Izikowitz* Resultate sehr eingehender Liquoruntersuchungen veröffentlicht, die mir Anlaß gaben, dem an und für sich sehr einfachen, aber fundamental wichtigen Problem des Liquor-Eiweißspiegels nachzugehen. Von *Izikowitz* ist neuerdings ein ausführliches Referat in den Zusammenfassungen des II. Internationalen Neurologenkongresses in London erschienen. *Izikowitz* berichtete von einer neuen quantitativen Methode zur Bestimmung des Gesamteiweißes, ferner der Globuline und Albumine, den Ergebnissen fraktionierter Liquoruntersuchungen; schließlich machte er als Wesentlichstes Angaben über den Eiweißgehalt im Liquor gesunder Individuen. Der Autor hob besonders hervor, daß er zu erheblich anderen Ergebnissen gekommen sei als die bisherigen Untersucher. Er wies darauf hin, daß es sehr wesentlich sei, eine genügend genaue analytische Methode anzuwenden. Besonderer Wert wurde auf die Bestimmung des Gesamteiweißes beim Gesunden gelegt. Während der letzten 4 Jahre habe er eine eigene Methode ausgearbeitet: Ausfällung, Waschen und Veraschung des Eiweißes wurden in Zentrifugierröhrchen ausgeführt, welche zur gleichen Zeit als Veraschungskolben dienten. Besondere Vorsichtsmaßnahmen, z. B. Nüchternbleiben des Patienten vor der Punktion, deren Ausführung stets in der gleichen Lagerung erfolgen sollte, wurden hervorgehoben. Bei fraktionierter Liquoruntersuchung stellte sich heraus, daß die Eiweißkonzentration in allen Fällen in der ersten Probe am höchsten war. In 150 Fällen wurden im Liquor von gesunden Personen und Fällen von manisch-depressivem Irresein, Dementia praecox und Dementia paralytica folgende Resultate gefunden: Das Gesamteiweiß war am höchsten in der ersten Probe; die Albumin- und Globulinkonzentration war in den letzten Proben niedriger als in den ersten, außer in 3 Fällen von Dementia praecox. Bei erneuter Punktion 24 Stunden später zeigte der Liquor in allen Fällen eine Reduktion des Gesamteiweißes.

Das bemerkenswerteste Ergebnis war aber folgendes: Bei der Prüfung von 70 Liquores völlig gesunder Männer und Frauen fand *Izikowitz:*

1. Die Konzentration an Gesamteiweiß, Globulin und Albumin war im Liquor der Männer durchschnittlich höher und zeigte auch höhere Maximalwerte.

2. *Die erhaltenen Maximalwerte überschritten ganz erheblich, besonders in bezug auf das Gesamteiweiß, die von europäischen Autoritäten anerkannte obere physiologische Grenze.*

Tabelle 5.

Name	Diagnose	Zellen	Inter-fero-meter-wert	Gesamt-eiweiß nach *Kjeldahl*	Rest-N	Eiweißrelation nach *Kafka*			Quot.	Goldsol-kurven
						Ges.-Eiweiß	Alb.	Glob.		
Nü.	Genuine Epilepsie	2/3	338	19,94	8,33	0,8	—	unter 0,2	—	negativ
Ge.	Sympt. Epilepsie	5/3	489	24,50	16,1	1,0	0,8	0,2	0,25	negativ
Vo.	Debilität	2/3	415	14,94	10,63	0,8	0,6	0,2	—	negativ
Tei.	Funikuläre Myelose	3/3	383	21,88	11,2	1,0	0,8	0,2	—	negativ
Ha.	Neurol. o. B.	2/3	449	21,00	14,50	1,0	0,7	0,3	0,42	0121000
Bö.	Postkommotionelle Beschwerden	2/3	487	24,25	16,82	1,0	0,8	0,2	0,25	negativ
Bo.	Reaktive Depression	2/3	430	15,50	12,78	0,5	0,2	—	—	0122100
Fr.	Neurologisch o. B.	2/3	337	14,88	5,60	0,5	0,3	0,2	—	negativ
Ha.	Bulbärparalyse	2/3	523	26,93	17,67	1,0	0,6	0,4	0,66	negativ
Ba.	Funktionelle Beschwerden	5/3	495	18,81	11,55	0,8	0,6	0,2	—	negativ
Ra.	Neurologisch o. B.	2/3	443	24,39	10,36	1,0	0,7	0,3	0,43	negativ
Ha.	Thalamussyndrom	3/3	262	19,87	16,28	0,9	0,7	0,2	0,29	001210
Bl.	Lues cerebri	13/3	746	138,00	9,60	3,5	2,5	1,0	0,4	11123321
Th.	Progressive Paralyse	7/3	589	57,7	15,65	1,7	1,0	0,7	0,7	66665321
Mö.	Wirbelmetastase	5/3	2023	424,0	15,4	18,0	14,5	3,5	0,24	66665454
Ho.	Progressive Paralyse	9/3	756	39,4	37,10	1,5	0,9	0,6	0,66	55543210
Be.	Lues cerebri	415/3	733	74,5	28,3	3,0	2,0	1,0	0,5	66665432
Il.	Progressive Paralyse	89/3	532	73,5	10,10	2,8	1,4	1,4	1,0	—
Rei.	Tabes dorsalis	12/3	636	76,00	21,10	2,0	1,4	0,6	0,42	—
Bo.	Progressive Paralyse	32/3	548	55,31	14,53	2,0	1,5	0,5	3,0	66666654
Scha.	Schizophrenie	4/3	454	16,19	12,25	—	—	unter 0,2	—	negativ
Gö.	Genuine Epilepsie ?	3/3	570	15,0	36,62	0,6	—	unter 0,2	—	negativ
Pl.	Periph. Facialisparese	2/3	446	27,56	13,65	1,1	0,8	0,3	0,37	01122210
Ex.	Neurologisch o. B.	1/3	527	26,44	18,45	1,2	0,8	0,4	0,5	negativ
Al.	Neurologisch o. B.	4/3	389	26,02	9,28	1,0	—	unter 0,2	—	negativ
Br.	Neurologisch o. B.	—	420	23,63	10,28	1,0	0,8	0,2	0,25	negativ
La.	Schwere Encephalopathie	5/3	470	23,26	10,50	1,2	—	unter 0,2	—	negativ
Ge.	Abgeklungene Myelitis ?	3/3	380	31,31	16,27	1,0	0,7	0,3	0,42	negativ
Vo.	Nephrosklerose	2/3	707	25,13	19,08	1,0	0,8	0,2	0,25	negativ
Bo.	z. B. Anfälle	2/3	505	25,1	9,98	1,0	0,8	0,2	0,25	00122110
Ad.	Chorea minor	4/3	395	19,5	10,75	0,9	—	unter 0,2	—	22214000
Kl.	Ischias	5/3	386	29,2	12,25	1,0	0,8	0,2	0,25	1222100
Ha.	Postkommotionelle Beschwerden	2/3	440	22,48	18,81	1,0	0,8	0,2	0,25	negativ
Du.	Symp. Epilepsie	—	578	57,19	16,89	2,0	1,2	0,8	0,66	11123210

Tabelle 5 (Fortsetzung).

Name	Diagnose	Zellen	Inter-fero-meter-wert	Gesamt-eiweiß nach *Kjeldahl*	Rest-N	Eiweißrelation nach *Kafka*			Quot.	Goldsol-kurven
						Ges.-Eiweiß	Alb.	Glob.		
Vo.	Encephalopathie	1/3	579	46,00	13,2	2,0	1,4	0,6	0,42	1233210
Da.	Epilepsie	—	395	21,44	7,35	1,0	0,8	0,2	0,25	negativ
Bo.	Epilepsie	—	360	19,44	11,73	0,9	—	unter 0,2	—	12210000
Op.	Neurologisch o. B.	7/3	475	19,38	—	1,0	0,8	0,2	0,25	—
Re.	Epilepsie	—	468	14,00	13,0	1,0	0,8	0,2	0,25	negativ
Ka.	Epilepsie	—	469	17,50	13,56	0,6	—	0,2	—	negativ
Hü.	Contusio cerebri	—	454	22,31	10,50	0,9	—	0,2	—	negativ
Ja.	Hemikranie	5/3	521	24,63	20,65	1,0	0,8	0,2	0,25	negativ
Sa.	Arteriosklerose	5/3	441	128,0	14,00	1,0	0,8	0,2	0,25	negativ
Se.	Progressive Paralyse	63/3	820	128,0	21,5	3,4	2,0	1,4	1,44	666666665
Ro.	Multiple Sklerose	12/3	477	35,8	12,75	1,5	0,9	0,6	0,66	66543211
La.	—	—	782	—	—	3,5	2,0	1,5	1,33	—
Fr.	Psychogene Beschwerden	2/3	450	13,30	13,13	0,6	—	0,2	—	01210000
Be.	Hämatomyelie	3/3	656	70,5	14,35	2,4	1,6	0,8	0,5	2222210
Bo.	*Jackson*-Anfälle	8/3	414	15,70	14,15	0,8	0,6	0,2	—	negativ
Se.	Genuine Epilepsie	4/3	419	26,6	8,2	1,0	0,8	0,2	0,25	11100000
Di.	Genuine Epilepsie	4/3	361	21,52	14,52	0,8	0,6	0,2	—	negativ
He.	Multiple Sklerose	8/3	556	45,5	22,25	1,5	1,0	0,5	0,5	22221000
Is.	Neuropathie	2/3	453	21,87	13,13	1,0	0,8	0,2	0,25	negativ
Ha.	Angeb. Schwachsinn	4/3	360	12,69	11,55	0,6	—	0,2	—	negativ
Re.	Debilität	5/3	387	18,0	14,62	0,9	0,6	0,3	0,5	negativ
Bo.	Verd. a. Epilepsie	2/3	391	21,44	7,35	1,0	0,6	0,4	0,66	negativ
Wü.	Neuropathie	2/3	361	12,24	10,32	0,8	—	0,2	—	negativ
We.	Genuine Epilepsie	2/3	420	22,50	12,08	1,0	0,8	0,2	0,25	negativ
Ha.	Sympt. Epilepsie (nach kindl. Encephalitis)	3/3	344	14,88	10,5	0,7	0,5	0,22	0,4	negativ
Fa.	Genuine Epilepsie	5/3	472	17,06	20,65	0,8	0,6	0,2	0,33	negativ
St.	Cerebralsklerose	2/3	425	16,81	8,93	0,9	—	0,2	—	negativ
Hu.	Symp. Epilepsie	6/3	356	17,81	11,25	0,9	—	0,2	—	negativ
Ko.	Encephalopathie	2/3	358	20,81	9,77	1,0	0,8	0,2	0,25	negativ
Kü.	Cerebralsklerose	5/3	338	24,31	15,57	1,2	0,9	0,3	0,33	negativ
Sa.	Neuropathie	4/3	489	20,13	9,1	0,6	—	0,2	—	negativ
Dr.	Meningoencephalitis (abgeklungen)	12/3	498	26,81	12,78	1,0	0,6	0,4	0,66	22211000

Pl.	Ophthalmoplegie	4/3	520	33,23	18,9	1,5	1,1	0,4	0,36	11110000
Mo.	Genuine Epilepsie	2/3	479	19,18	13,45	1,0	0,8	0—2	0,25	negativ
Wü.	Genuine Epilepsie	6/3	380	19,88	9,80	0,8	—	unter 0,2	0,25	negativ
Ob.	Genuine Epilepsie	3/3	532	17,95	16,45	0,9	0,7	0,2	0,28	01210000
Sch.	Postkommotionelle Beschwerden	2/3	531	17,5	18,9	0,6	—	0,2	—	negativ
Rö.	Traum. Plexusläsion	6/3	460	27,13	16,8	1,0	0,8	0,2	0,25	negativ
He.	Plexusneuritis	1/3	637	27,18	25,9	1,0	0,8	0,2	0,25	0012100
Kr.	*Friedreich*sche Ataxie	8/3	379	19,2	9,95	0,7	0,5	0,2	0,5	negativ
Ri.	Schizophrenie	2/3	492	20,08	14,42	1,0	0,8	0,2	0,25	negativ
Be.	Cerebralsklerose	2/3	469	25,80	16,8	1,0	0,8	0,2	0,25	01210000
Kü.	Encephalopathie	4/3	491	30,06	12,6	1,2	1,0	0,2	—	0110000
Kr.	Postkommotionelle Beschwerden	3/3	436	25,1	11,0	0,6	—	0,2	—	0111000
Wi.	Kongen. Lues	6/3	505	25,4	16,1	1,2	0,9	0,3	0,33	0011100
Sch.	Opticusatrophie	3/3	461	11,3	19,75	0,7	—	0,2	—	2222100
Ri.	Encephalopathie	1/3	551	33,13	13,60	1,7	1,2	0,5	0,42	12332100
Sch.	Progressive Paralyse	14/3	566	37,61	15,40	1,5	1,0	0,5	0,5	3332100
Wi.	Progressive Paralyse	8/3	606	42,0	23,1	1,5	1,0	0,5	0,5	666532100
Do.	Encephalopathie	5/3	475	22,61	17,80	1,0	0,7	0,3	0,42	012100
Fe.	Balkentumor	5/3	378	24,49	7,0	0,9	—	unter 0,2	—	1343210
Um.	Sympt. Epilepsie	6/3	380	24,25	12,78	1,0	0,7	0,7	0,42	negativ
Oh.	Progressive Paralyse	211/3	890	44,19	47,43	1,5	1,1	0,4	2,75	66654321
Di.	Genuine Epilepsie	7/3	500	15,75	10,50	0,7	0,5	0,2	0,40	00111000
Ro.	Multiple Sklerose	9/3	491	33,44	13,83	1,2	0,7	0,5	0,71	55432100
Wi.	Neurologisch o. B.	6/3	416	17,50	17,40	0,9	0,7	0,2	0,29	00123210
Ku.	Sympt. Epilepsie	3/3	456	16,63	13,60	0,9	0,5	0,4	1,25	0122100
Se.	Genuine Epilepsie		449	25,81	7,35	1,0	0,8	0,2	0,25	2232100
Ge.	Multiple Sklerose ?	9/3	—	25,81	15,05	1,1	0,8	0,3	0,37	2222100
Sch.	Tumor der Cauda equina	17/3	1449	501,49	19,60	9,5	6,5	3,0	0,46	166665543
Fü.	Encephalopathie	3/3	413	22,75	10,50	1,0	0,8	0,2	0,25	012100
Ma.	Psychopathie	2/3	414	24,24	18,13	1,0	0,8	0,2	0,25	negativ
Mü.	Spinale Muskelatrophie	6/3	476	18,80	12,25	1,0	0,7	0,3	0,42	negativ
Ru.	Hemikranie	4/3	427	11,30	12,75	0,8	—	0,2	—	negativ
Vo.	—		628	38,19	17,67	1,3	1,1	0,2	0,18	negativ
Dö.	Ischias	3/3	570	37,81	21,53	1,1	0,8	0,3	0,37	1332100
Ta.	Arteriosklerose	—	441	24,63	14,0	1,0	0,8	0,2	0,25	negativ
Il.	Progressive Paralyse	89/3	532	73,5	10,1	2,8	1,4	1,4	1,4	66665432

Die empirischen Maximalwerte betragen nach Izikowitz bei Männern 56,69 mg-% für Gesamteiweiß, 8,43 mg-% für Globuline und 49,72 mg-% für Albumine. Bei Frauen erhielt er entsprechend 35,22; 6,79 und 34,23 mg-%. Es sei sicher, daß Konzentrationen, die bisher in der Literatur der letzten Jahre als pathologisch aufgefaßt wurden, in der Tat noch physiologisch wären.

Weitere Angaben über technische Einzelheiten des Verfahrens liegen nicht vor. Es handelt sich aber der kurzen Beschreibung nach um eine Bestimmung des Gesamteiweißes, ferner der Globulinfraktion wie auch der Albuminfraktion durch Kjeldahlisieren. Das Wesentlichste an der Arbeit ist zweifellos die Angabe über die normale Variationsbreite des Gesamteiweißes, das somit bereits bei Gesunden geradezu das Doppelte bisher angenommener Werte erreichen soll. *Eine Bestätigung dieses Ergebnisses müßte somit für uns zu einer weitgehenden Revision der einschlägigen Methoden und zu einer recht andersartigen Beurteilung der Befunde führen.*

Bei der Nachprüfung dieser Resultate wandten wir zur Bestimmung des Proteinstickstoffes den Mikro-Kjeldahl an. Die Enteiweißung des Liquors vor der Reststickstoffbestimmung wurde mit Trichloressigsäure durchgeführt. Aus der Differenz zwischen Gesamtstickstoff und Reststickstoff ergab sich durch Multiplikation mit dem Eiweißschlüssel 6,25 das Eiweiß. Zur Titration wurde die Jodometrie angewandt.

Wir haben Untersuchungen an über 100 Liquores durchführen können. Dazu waren einschließlich Kontrollbestimmungen etwa 600 Einzelbestimmungen notwendig, da für Gesamtstickstoff und Reststickstoff zum mindesten Doppelbestimmungen angesetzt werden müssen. Diese Methode ist natürlich für das klinische Laboratorium praktisch nicht geeignet, da sie zuviel Material- und Zeitaufwand benötigt, um zu einem einzigen Eiweißwert zu kommen und auch sehr geschicktes chemisches Arbeiten erfordert.

Die von uns ermittelten Werte finden sich in den vorhergehenden Tabellen zusammengestellt. Zu einer besseren Übersicht dient eine graphische Darstellung (Abb. 13). Die Eiweißwerte, die wir nach *Kjeldahl* bestimmten, sind in Abhängigkeit von der Eiweißrelation niedergelegt worden, und zwar trugen wir auf der Abszisse den Gesamteiweißwert (1. Zahl) der Eiweißrelation, auf der Ordinate den nach *Kjeldahl* ermittelten Gesamteiweißgehalt des Liquors (aus dem Proteinstickstoffgehalt errechnet) ein.

Man sieht aus der Kurve, daß innerhalb der normalen Werte, d. h. bis zu 32 mg-% Eiweiß bzw. 1,3 Teilstrichen der Eiweißrelation, gewisse Schwankungen vorkommen, die aber auf keinen Fall zu klinischen Mißverständnissen führen können. Sie sind eben durch Verschiedenheiten der Methoden begründet. Für die Eiweißrelation wird in diesem Bereich von *Kafka* eine Fehlerquelle von 10% zugegeben. *Im Bereich der patho-*

logischen Werte tritt dann eine immer stärker werdende fächerförmige Streuung hervor. Hier macht sich die ungleichmäßige Sedimentierung des Liquoreiweißes der verschiedenen Erkrankungen bemerkbar, ein sehr interessantes Problem. Es hat sich gezeigt, daß bei gleichen Eiweißwerten die Sedimenthöhe bei den verschiedenen Krankheiten eine unterschiedliche sein kann, daß z. B. das Paralyseeiweiß anders sedimentiert als das Tumoreiweiß [1].

Wir legen hier indessen das Hauptgewicht zunächst einmal auf die bei Normalen gefundenen Eiweißmengen. Es standen uns, wie *Izikowitz,* ebenfalls über 70 Liquores organisch völlig Gesunder zur Verfügung.

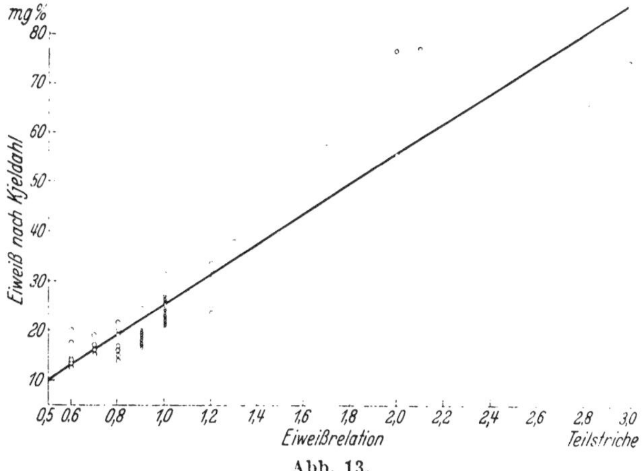

Abb. 13.

Der Liquor stammt von Fällen von Rentenneurose und ähnlichen Zustandsbildern. *Es ist interessant, daß die Werte der Eiweißrelation in keinem Falle 1,3 Teilstriche überschritten, d. h. nicht die für diese Methode festgelegte oberste Grenze.* In den meisten Fällen betrug das volumetrisch gemessene Gesamteiweiß genau einen Teilstrich. Liegt nun hier ein Versagen der Eiweißrelationsmethode vor oder hat *Izikowitz* sich geirrt? Zu Beginn der Arbeit, d. h. kurz nach der Einführung der Liquoreiweißbestimmung mit Hilfe des *Kjeldahl,* erhielten wir tatsächlich mit dieser Methode des öfteren Werte, die gelegentlich bei völlig Gesunden 60 mg-% erreichten. Es schien sich somit in der Tat eine Bestätigung der Resultate von *Izikowitz* zu ergeben. Indessen stellten sich bei eingehender Kontrolle unserer Analysenwerte eine Reihe von Fehlerquellen heraus, vor allem ein starkes Schwanken bei der Bestimmung der sog.

---

[1] Von *Riebeling* ist bereits vor einiger Zeit über morphologische Unterschiede des Liquor-Eiweißsedimentes bei den verschiedenen neurologischen Erkrankungen berichtet worden. Vor allem fand er bei Hirntumoren ein charakteristisches Bild. Wieweit derartige Befunde zu einer Bereicherung der Liquordiagnostik führen, d. h. ob praktisch-klinisch brauchbare Resultate erzielt werden können, bedarf dringend einer Nachprüfung.

Leerwerte. Dieses waren Analysen, welche zur Kontrolle der Reinheit der verwandten Reagenzien durchgeführt wurden. Erst nachdem wir zur Beseitigung aller Fehlerquellen eine große Zahl von Kontrollbestimmungen mit bekannten Stickstoffmengen durchgeführt hatten, begannen wir wieder, klinische Eiweißwerte zu ermitteln. *Wir erhielten jetzt niemals derart hohe Gesamteiweißwerte beim Normalen. Die Gesamteiweißbestimmung in Liquores von Gesunden ergab einen Mittelwert von 25 mg-%. Die oberste Grenze überschritt nicht 32 mg-%. Solch extrem hohe Werte, wie sie von Izikowitz angegeben worden sind, d. h. Maximalwerte für das Gesamteiweiß des normalen Liquors von 56,69 mg-%, wurden nicht beobachtet.*

Unseres Erachtens kann es nur durch technische Fehler bedingt sein, wenn *Izikowitz* gelegentlich zu derartig hohen Eiweißwerten beim Normalen gekommen ist. Dieses ist durchaus verständlich, wenn man bedenkt, daß gerade wegen der geringen Differenz zwischen Proteinstickstoff und Nichteiweißstickstoff im Liquor jegliche Analysenfehler sich besonders stark auswirken müssen. Wir hatten selbst zu Beginn infolge von geringen Analysenfehlern auch des öfteren derartig hohe Werte, die aber bei Ausschaltung der ermittelten Fehlerquellen nicht wieder auftraten.

Wir kommen auf Grund unserer Ergebnisse zu dem Schluß, daß die volumetrische Bestimmung des Liquoreiweißes (Eiweißrelation) in den meisten Fällen für klinische Zwecke völlig ausreicht, wenn sie auch gewisse Abweichungen gegenüber der im physiologisch-chemischen Sinne exakteren Methode des Mikrokjeldahl aufweist. Ist allerdings die Ermittlung der exakten Höhe des Liquoreiweißes in bestimmten Fällen besonders angebracht, z. B. bei der Begutachtung chronischer Encephalopathien oder ähnlicher Erkrankungen, dann sollte man neben den üblichen klinischen Eiweißbestimmungen den Mikrokjeldahl heranziehen.

2. Dem Mangel einer wirklich einfachen und exakten chem. Methode der Liquoreiweißbestimmung hat man durch physikalische Methoden abzuhelfen gesucht. Ich habe mir nun seit mehreren Jahren die Aufgabe gestellt zu untersuchen, inwieweit sich physikalische Methoden zur Bestimmung von Liquoreiweiß, aber auch von anderen im Liquor vorkommenden Substanzen eignen. Während der letzten Jahre hatten verschiedene physikalische Methoden bereits immer mehr Eingang in das klinische Laboratorium gefunden. Es ist für sie charakteristisch, daß sie einfach und schnell durchführbar sind und sich daher für klinische Zwecke besonders gut eignen. Auf die Liquordiagnostik lassen sie sich jedoch nicht so ohne weiteres übertragen, da die besonderen Konzentrationsverhältnisse und die eigentümliche Zusammensetzung des Liquors sehr empfindliche Methoden erfordern — bei weitem exaktere, als sie z. B. *für Serumuntersuchungen* nötig sind. So sind colorimetrische Methoden und Trübungsmessungen, die sich für Serumuntersuchungen

eignen, für die Liquoruntersuchung nicht empfindlich und objektiv genug. Sie hängen zu sehr von der Sehtüchtigkeit der Untersucher ab und sind somit stark durch den subjektiven Fehler belastet.

Dieses zeigte sich bereits, als man versuchte, mittels des *Stufenphotometers* Eiweißbestimmungen im Liquor durchzuführen. *Wolfheim*, der durch Arbeiten auf serologischem Gebiet angeregt war, die Anwendbarkeit dieser Apparatur für die Liquordiagnostik zu erproben, ging folgendermaßen vor: Er führte photometrische Messungen des Trübungsgrades der Liquores durch und machte den Versuch, hieraus die entsprechenden empirischen Schlüsse auf das Vorliegen oder den Grad von meningealen Erkrankungen zu ziehen. Das Stufenphotometer in seiner Konstruktion als Trübungsmesser ermöglicht eine Untersuchung des in trüben Medien zerstreuten sog. *Tyndall*-Lichtes und eine zahlenmäßige Erfassung des Trübungseffektes.

Damit kann man einen indirekten Schluß auf die Zahl und das Volumen der in dem Medium vorhandenen kleinsten Teilchen ziehen. Die nebenstehende Skizze (Abb. 14), die wir der Arbeit entnommen haben, gibt einen Überblick über die innere Einrichtung und den Strahlengang

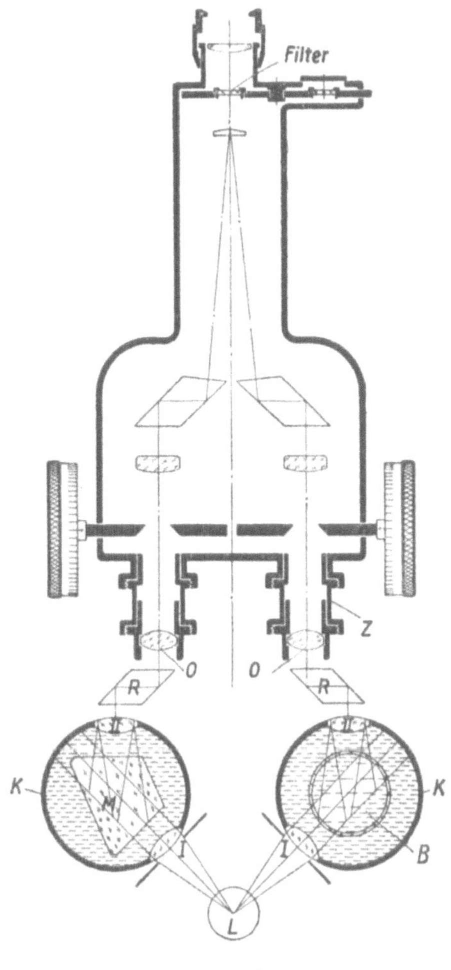

Abb. 14.

des Trübungsmessers. L = Lichtquelle (elektrische Halbwattlampe), I = Linse, durch welche die erregenden Strahlen eintreten, II = Linse, durch welche die erregten Strahlen austreten, K = Kammern für Aqua bidest. oder Luft, M = trübes Glasprisma (Bezugsnormale), B = Gefäße zur Aufnahme der Untersuchungsflüssigkeit, R = Reflektionsprisma, O = Mikroskopobjektiv, Z = Zwischenrohre, Bl = Blendenschraube mit Skala als Vorrichtung zur meßbaren Veränderung des Lichteintritts, E = Einblick.

Wolfheim hat eine ganze Reihe von Liquores untersucht und fand deutliche Unterschiede zwischen normalen und pathologischen. Bei otogener Meningitis zeigten sich deutlich stärkere Ausschläge, wie sie der hierbei vorhandenen Liquortrübung entsprachen. Er beschäftigte sich auch mit dem Problem der Erfassung der engen Grenzzone zwischen normalem und pathologischem Eiweißgehalt. Für normale Liquores gab er Werte von etwa 23 Teilstrichen an. Pathologische Liquores zeigten Werte von etwa 35 Teilstrichen; bei meningealen Erkrankungen wurden teilweise über 100 Teilstriche erreicht.

Wir müssen gegen diese Methode eine Reihe von Einwendungen erheben. Eiweißbestimmungen mit dem Stufenphotometer sind lediglich an völlig elektrolytfreien Lösungen genau genug zu machen, da *alle* gelösten Teilchen das Licht beugen; es sei denn, daß der Elektrolytgehalt der Lösungen konstant gehalten und standardisiert wäre. Die von *Wolfheim* gefundene Stufenphotometerzahl ist somit keineswegs allein von der Eiweißmenge abhängig, sondern auch von der Konzentration sämtlicher anderer gelösten Substanzen. Die gelösten Salze können sich hier ganz erheblich auswirken. Trotzdem muß man zugeben, daß mit Serumverdünnungen, die z. B. mit physiologischer Kochsalzlösung hergestellt wurden, sich recht genaue Bestimmungen durchführen und gut reproduzierbare Eichkurven aufstellen lassen. Dieses liegt daran, daß hier der Salzgehalt der Lösungen immer der gleiche ist.

Der Liquor hat aber eine *sehr wechselnde* Konzentration an Nichteiweißteilchen, so daß zu große Fehlerquellen entstehen; und eine Verdünnung kommt nicht in Betracht, da die Werte sonst zu gering würden. In dem früheren Abschnitt über die Interferometrie sind wir schon auf diese Verhältnisse zu sprechen gekommen. Denn auch dort spielt die Menge der Elektrolyte eine sehr wichtige Rolle. Im übrigen weisen wir darauf hin, daß alles, was *Wolfheim* mit seinem Verfahren erreicht, erheblich schneller und sicherer mittels interferometrischer Messungen erzielt werden kann *(Riebeling)*.

Von *Stephan Gärtner* ist eine weitere stufenphotometrische Methode ausgearbeitet worden. Dieser versetzte Liquor mit 50, 60 und 80%igem Alkohol und maß die eintretende Trübung photometrisch. Die Fällung des Eiweißes als Alkoholalbuminat macht aber gewisse Schwierigkeiten. Sie ist in ihrer Geschwindigkeit abhängig von der Konzentration der Lösung, der Ionenkonzentration und der Temperatur. *Riebeling* schreibt, daß es ihm nicht gelang, irgendeinen Punkt festzulegen, auf dem zeitlich die Fällung einigermaßen konstant ist, für einige Minuten bestehen bleibt und genügend fein ist, daß keine Flockenbilder die Untersuchung unmöglich machen. Innerhalb der ersten 5 Min. ändere sich die Intensität der Trübung ununterbrochen. In unserer Klinik ist ebenfalls versucht worden, diese Methode einzuführen. Wir scheiterten aber auch daran, daß die durch die Alkoholtrübung komplizierten Ableseverhältnisse nur schlecht standardisiert werden konnten.

3. Erheblich besser ist die *nephelometrische Methode von Custer* geeignet, die sich zudem auch mit den einfachsten Mitteln im klinischen Laboratorium durchführen läßt. Sie beruht auf dem Prinzip, daß die Trübungsdichte des zu untersuchenden Liquors nach Zusatz eines eiweißfällenden Reagenzes, in diesem Falle Sulfosalicylsäure, mit Testproben bekannter Eiweißkonzentration verglichen wird. Kein kompliziertes Nephelometer ist hierzu erforderlich; man vergleicht lediglich die Intensität der in einem *Uhlenhuth*-Röhrchen angesetzten Liquoreiweißfällung mit den Testproben, die bekannte Eiweißmengen abgestuft enthalten. Wir geben die Methode, die praktisch eine große Bedeutung besitzt, in all ihren Einzelheiten wieder, wie sie von *Custer* angegeben ist.

Herstellung der Standardlösungen. „Es werden Serumeiweißlösungen von bekanntem Eiweißgehalt hergestellt; man benützt dazu menschliches oder tierisches inaktives Serum; wichtig ist, daß das Serum hell und klar ist. Das Gesamteiweiß des Serums oder Serumgemisches (8—10 ccm) wird refraktometrisch (Eintauchrefraktometer von Zeiss) bestimmt. Aus dem Serum wird durch Verdünnung mit thymolhaltiger Kochsalzlösung (0,5 g Thymol crist. in 1000 ccm 0,85% Natriumchloridlösung heiß gelöst) eine 5%ige Eiweißlösung hergestellt (etwa 12 ccm). Im Refraktometer wird die Richtigkeit dieser Eiweißkonzentration nachgeprüft und solange durch tropfenweisen Zusatz von Serum bzw. Thymolkochsalz korrigiert, bis die abgelesene Refraktometerzahl genau 5 g-% Eiweiß entspricht. Diese 5%ige Lösung wird weiter 10fach verdünnt, und zwar sehr genau mit maßanalytischen Geräten. Man stellt 100 ccm dieser 500 mg-%igen Lösung her. Diese Serumeiweißlösung wird 2—3 Tage im Eisschrank aufbewahrt. Wenn nach dieser Zeit keine äußerlich sichtbare Änderung durch Trübung eingetreten ist, wird aus dieser Stammlösung eine Reihe von Verdünnungen von 0,5—400 mg-% hergestellt. Bei Benützung von thymolhaltiger Kochsalzlösung sind diese Serumeiweißverdünnungen mindestens 3 Monate haltbar. Die Verdünnungen müssen natürlich sorgfältig in mit Gummistopfen versehenen Reagensgläsern im Eisschrank aufbewahrt werden. Trüb gewordene Lösungen sind unbrauchbar.

Verdünnungstabelle (nach Custer).

0,6 ccm	500 mg-%	Serumverd.	+ 24,4 ccm	Thym. NaCl		12 mg-%	Eiweißlös.
0,8 „	500 „	„	+ 24,2 „		„	16 „	„
2,3 „	500 „	„	+ 22,7 „	„	„	46 „	„
3,3 „	500 „	„	+ 21,7 „	„	„	66 „	„
3,6 „	500 „	„	+ 21,4 „	„	„	72 „	„
4,0 „	500 „	„	+ 21,0 „	„	„	80 „	„
4,2 „	500 „	„	+ 20,8 „	„	„	84 „	„
5,6 „	500 „	„	+ 19,4 „	„	„	112 „	„
6,0 „	500 „	„	+ 19,0 „	„	„	120 „	„
9,0 „	500 „	„	+ 16,0 „	„	„	180 „	„
4,5 „	500 „	„	+ 5,5 „	„	„	225 „	„
12,0 „	500 „	„	+ 8,0 „	„	„	300 „	„
14,0 „	500 „	„	+ 6,0 „	„	„	350 „	„
16,0 „	500 „	„	+ 4,0 „	„	„	400 „	„

Durch die Hinzufügung von den Werten, die durch Verdünnung um die Hälfte von jeweils 10 ccm erhalten werden, bekommt man folgende Reihe: 0,5, 1,0, 2,0, 3,0, 4,0, 5,0, 6,0, 7,0, 8,0, 9,0, 10,0, 12,0, 14,0, 16,0, 18,0, 20,0, 23,0, 25,0, 28,0, 30,0, 33,0, 36,0, 40,0, 42,0, 46,0, 50,0, 56,0, 60,0, 66,0, 72,0, 75,0, 80,0, 84,0, 90,0, 100,0, 112,0, 120,0, 125,0, 150,0, 175,0, 200,0, 225,0, 250,0, 300,0, 350,0, 400,0, 500,0 mg-%.

a) Gesamteiweißbestimmung. Man mißt 0,1 ccm Liquor mit einer in $^1/_{100}$ geteilten 1-ccm-Pipette in dünnwandige *Uhlenhuth*-Röhrchen von genau gleicher Weite (10 cm lang, 0,85 cm äußere Weite) und fällt mit 0,4 ccm 20%iger Sulfosalicylsäure aus. Von den Standardeiweißlösungen wird auf die gleiche Weise eine Reihe von Eiweißfällungen hergestellt (0,1 ccm Serumverdünnung und 0,4 ccm Sulfosalicylsäure). Gegen einen schwarzen Hintergrund — am besten eignet sich dazu ein tiefschwarzes 5 cm breites und 15 cm langes Samtband — wird die Liquorprobe mit den Testproben verglichen, bis diejenige Eiweißkonzentration gefunden wird, die dem Trübungsgrad des ausgefällten Liquoreiweißes entspricht. Bei sehr eiweißhaltigen Liquores über 400 mg-% empfiehlt es sich, den Liquor mit Kochsalzlösung zur Hälfte zu verdünnen und dann mit 0,1 ccm dieses verdünnten Liquors die Eiweißbestimmung auszuführen; das Resultat wird dann mit 2 multipliziert.

b) Globulinbestimmung. 0,5 ccm Liquor werden in einem gewöhnlichen konischen Zentrifugenglas von etwa 10 cm Länge und 12 ccm Inhalt abgemessen und mit 0,5 ccm Ammoniumsulfat (heiß gesättigt und heiß filtriert) versetzt und gut gemischt. Liquor und Ammoniumsulfat sollen beim Zusammengeben die gleiche Temperatur haben, am besten Zimmertemperatur. Nach 30 Min. wird die Mischung 20 Min. lang bei einer Tourenzahl von etwa 2500—3000 zentrifugiert. Die überstehende Flüssigkeit wird abgegossen, und sodann werden mit einem Streifen Filtrierpapier (12 cm lang und 1 cm breit) aus dem schräg gehaltenen Zentrifugenglas die an den Wänden haftenden Flüssigkeitsreste entfernt; man drückt mit einem Glasstab das Filtrierpapier fest gegen die Innenwand des Zentrifugenglases und entfernt auch auf diese Weise die sich bildenden Ammoniumsulfatkrystalle, ohne den Bodensatz zu berühren. Das Sediment wird in 0,5 ccm 0,85%iger Kochsalzlösung aufgelöst. Mit 0,1 ccm dieser Globulinlösung wird die Eiweißbestimmung wie bei a) ausgeführt. Um Werte unter 3 mg-% deutlicher ablesen zu können, werden andere Verdünnungsverhältnisse angewandt. Man mißt 0,2 ccm Globulinlösung ab und fügt 0,3 ccm Sulfosalicylsäure zu, ebenso stellt man die Testlösungen her. Wir konnten auf diese Weise bis 0,5 mg-% ablesen."

Wir können auf Grund unserer Erfahrung sehr dazu raten, die von *Custer* angegebene Technik der Herstellung der Standardlösungen aus Serumeiweiß, wie sie für alle nephelometrischen Eiweißbestimmungen gebraucht werden, anzuwenden. Sehr wertvoll sind auch die Angaben

Custers über den Ansatz des Trübungsgemisches bei der Gesamteiweiß-
und Globulinbestimmung.

*Die Fehlermöglichkeiten der Custerschen Methode sind indessen in erster
Linie durch die Subjektivität der Ablesung gegeben; gerade bei der Durchführung einer größeren Anzahl fortlaufender Bestimmungen, wie es nun
einmal in einem klinischen Betrieb erforderlich ist, tritt sehr bald eine
stärkere Ermüdung ein und damit notwendigerweise auch eine zunehmende
Unsicherheit bei der Ablesung. Immerhin bedeutet bei Standardglasmetho-
den, zu denen das nephelometrische Verfahren nach Custer gehört, bereits
der Irrtum um einen Verdünnungsgrad einen nicht unbeträchtlichen Fehler.*

*Deshalb erschien es mir notwendig, wenn man überhaupt einen Fort-
schritt erzielen wollte, in erster Linie den Fehler zu beseitigen, den jede
subjektive Ablesung mit sich bringen muß. Dies ist mir gelungen, indem
ich sowohl von dem Prinzip der Stu-
fenphotometrie als auch von den üblichen nephelometrischen Verfahren
abging und die objektive Registrierung der Intensität der Liquoreiweiß-
trübungen mittels Sperrschichtphoto-
zellen einführte.*

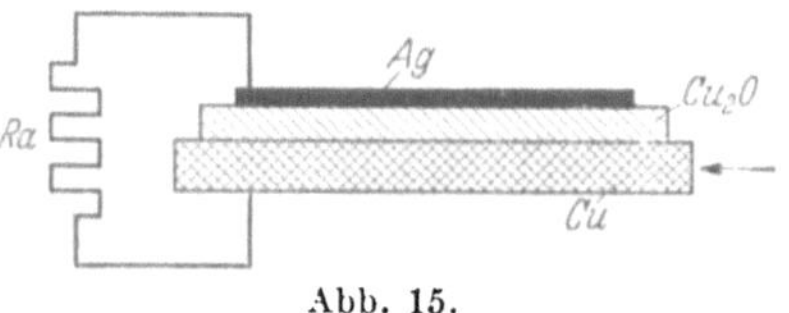

Abb. 15.

4. In der Physik und auch in der chemischen Industrie sind seit Jahren
Alkaliphotozellen angewandt worden, mit deren Hilfe ausgezeichnete
Bestimmungen durchgeführt werden konnten. Diese „objektiven Photometer" fanden keine größere Verbreitung, da die Messungen sehr kom-
pliziert waren und kostspielige Apparate erforderten. Das ist jetzt anders
geworden. Es sind von *B. Lange* durch Anwendung der von ihm ent-
wickelten Halbleiterphotozellen so weitgehende Vereinfachungen ge-
troffen worden, daß mit einer sehr einfachen Meßmethode gearbeitet
werden kann. Nach *Sewig* besteht ein Sperrschichtelement (s. Abb. 15)
aus zwei metallischen Elektroden, von denen die eine die Zelle trägt,
z. B. Kupfer, und die zweite lichtdurchlässig sein muß, also entweder als
engmaschiges Gitter oder als durchscheinend dünner Metallüberzug, z. B.
aus Silber oder Platin, gefertigt ist.

Zwischen den beiden Elektroden befindet sich ein Halbleiter, meist
Kupferoxydul. Wenn nun durch Absorption von Licht im Oxydul in
der Nähe der „Sperrschicht" (zwischen Kupfer und Kupferoxydul)
Elektronen ausgelöst werden, bildet sich zwischen den Elektroden des
Elements eine Potentialdifferenz heraus. Es handelt sich also um eine
direkte Umwandlung von Lichtenergie in elektrische Energie. Das
Wesentlichste dieser neuen Photozellen ist, daß sie einen Photostrom
liefern, der mehrere Zehnerpotenzen höher ist als bei den früher verwandten Alkalizellen. Bei Belichtung setzt ein Strom trägheitslos ein;
die Anwendung einer Hilfsspannung ist nicht, wie früher bei den Alkalizellen, erforderlich.

Dieses absolut objektive, mit großen Ausschlägen arbeitende photometrische Meßverfahren wandten wir für die Liquordiagnostik an und begannen mit der Eiweißbestimmung. Wegen der sehr geringen Substanzmengen, die naturgemäß nur zur Verfügung stehen, mußte die Apparatur entsprechend modifiziert werden. Bereits vor 2 Jahren ist von mir eine ausführliche Darstellung der experimentellen Grundlagen

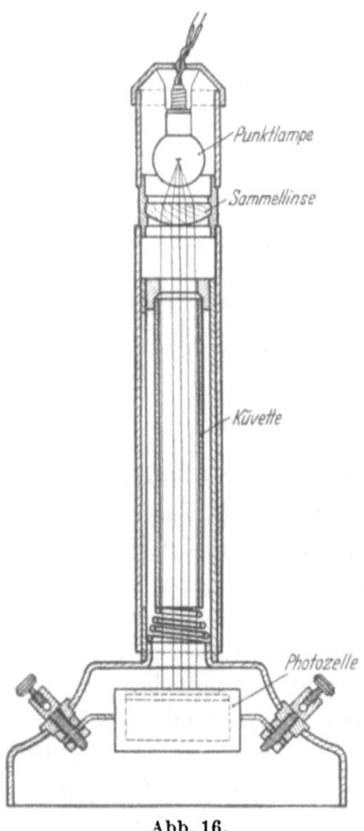

Abb. 16.

der lichtelektrischen Eiweißbestimmung gegeben worden; wir können jetzt eine endgültige Meßanordnung beschreiben, wie sie auf Grund zahlreicher Vorversuche für am brauchbarsten befunden wurde.

Es handelt sich um *objektive nephelometrische Messungen,* d. h. um die Messung der Lichtdurchlässigkeit der Liquores nach Zusatz eines eiweißfällenden Reagenzes. Die Eiweißbestimmung gestaltet sich daher so: dem Liquor wird sogleich nach der Entnahme ein Gemisch aus Salzsäure und dem Natriumsalz der Sulfosalicylsäure (0,75 ccm Liquor oder Liquorverdünnung + 0,75 ccm 5%ige HCl + 1,5 ccm kalt gesättigtes Natriumsulfosalicylicum) zugesetzt. Diese Füllungsart eignet sich nach unserer Erfahrung am besten, sie ist auch bei sehr geringen Eiweißmengen noch recht intensiv.

Es ist nun unbedingt nötig, daß die Bedingungen, unter denen die Messung ausgeführt wird, immer die gleichen sind. Sofort nach dem Zusatz des Reagenzes wird das Fällungsgemisch in die Beobachtungscuvette eingefüllt. Die eigentliche Messung erfolgte stets genau 10 Min. nach der Fällung. Die Apparatur selbst besteht aus einer konstanten Lichtquelle, der Optik, die für parallelen Strahlengang sorgt, und der Cuvette. Als Meßorgan dient die Photozelle (s. Abb. 16). Zur Registrierung des Photostromes, den die belichtete Zelle abgibt, wird ein Spiegelgalvanometer verwandt. Das eigentliche Prinzip der Messung ist folgendes: Je nach dem Grad der Eiweißtrübung wird die Photozelle mehr oder weniger intensiv belichtet. Der Photostrom, den die Zelle liefert, ist somit von den vorhandenen Eiweißmengen abhängig. Man kann sagen, daß zu jedem Eiweißwert ein bestimmter lichtelektrischer Impuls gehört (vgl. Abb. 17).

Um die praktische Verwendbarkeit der Methode zu prüfen, bestimmten wir das Gesamteiweiß bei einer Reihe von Liquores nach *Kafka* und setzten die Werte zu den lichtelektrischen Messungen in Beziehung. Zu jeder Messung waren bei der verwandten Versuchsanordnung nur 0,2 ccm Liquor erforderlich. In den folgenden Tabellen sind normale Werte und leicht erhöhte pathologische Werte einander gegenübergestellt worden. Man kann sehen, wie sich auf lichtelektrischem Wege pathologische, leicht erhöhte Werte von den normalen gut abgrenzen lassen.

Aus beiden untenstehenden Tabellen ist weiterhin zu entnehmen, daß der größte Galvanometerausschlag bei den kleinsten Eiweißwerten entsprechend ihrer geringen Lichtabsorption gefunden wurde, während die höheren Eiweißwerte infolge ihrer größeren Trübungsdichte zur stärkeren Abnahme des Photostromes führen, und somit der Ausschlag des Meßinstrumentes geringer wird.

Wie außerordentlich empfindlich die Methode ist, zeigen Registrierungen mit sehr geringen Eiweißmengen. Es handelt sich um Messungen, die an fortlaufenden Verdünnungen von zwei normalen Liquores, deren Eiweißgehalt bekannt war, durchgeführt

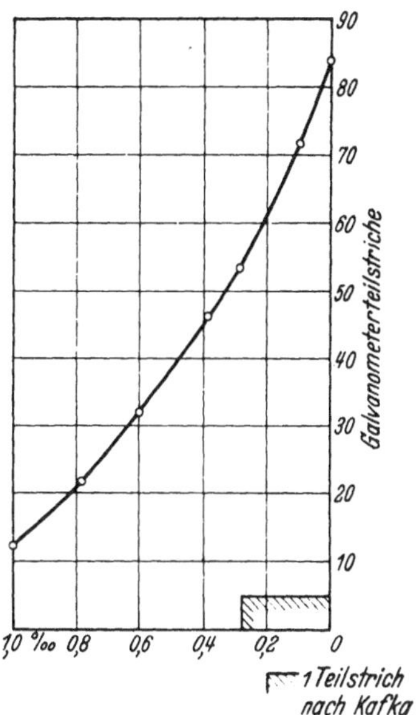

Abb. 17.

wurden. Die Resultate sind in der Abb. 18 graphisch dargestellt worden.

Auf der Ordinate ist der Galvanometerausschlag eingetragen worden, auf der Abszisse der Eiweißgehalt der Liquorverdünnungen. Wir gingen beide Male von dem niedrigen Eiweißwert von 12 mg-% aus (0,5 Teilstriche nach *Kafka*) und fanden hier bei der Trübungsmessung einen Galvanometerausschlag von 17,5 Teilstrichen. Dann verdünnten wir den Liquor weiter und stellten bereits bei einem Eiweißwert von 6 mg-% (Liquor A) infolge der größeren

Normale Werte		Leicht erhöhte Werte	
1. Zahl	Galvanometer-ausschlag	1. Zahl	Galvanometer-ausschlag
0,9	36	1,7	19,5
0,9	36	2,0	17,5
1,1	32	1,8	16,0
1,2	30,5	2,0	15,0
1,0	29,5	2,0	15,5
		2,0	14,5
		1,8	14,5
		2,6	12,0

Lichtdurchlässigkeit des Fällungsgemisches einen Galvanometerausschlag von 27,5 Teilstrichen fest. Sogar als der Eiweißgehalt der Liquorverdünnung nur 2 mg-% betrug, ließ sich der dazugehörige Galvanometerausschlag noch einwandfrei gegen den Leerwert (Aqua dest.) exakt abgrenzen. Bei 2 mg-% Eiweiß betrug ja der Galvanometerausschlag 45 Teilstriche, während er bei Messung des Leerwertes 50 Teilstriche

zeigte. Im übrigen fanden wir im Kontrollversuch (Liquor Ko) bei
3 mg-% Eiweiß einen Galvanometerausschlag von 42 Teilstrichen.

*Diese Versuche zeigen, daß die Methode besonders für die Registrierung
kleinster Eiweißmengen geeignet ist, die sich gravimetrisch auf keinen Fall
erfassen lassen würden, und deren Bestimmung nach Kjeldahl sehr schwierig
wäre.* Die Methode gewinnt somit auch eine Bedeutung für Arbeits-
gebiete, die weit über den Bereich der Liquordiagnostik hinausgehen;
denn diese objektiven Trübungsmessungen sollten sich recht gut für die
Auswertung bestimmter serologischer Reaktionen eignen.

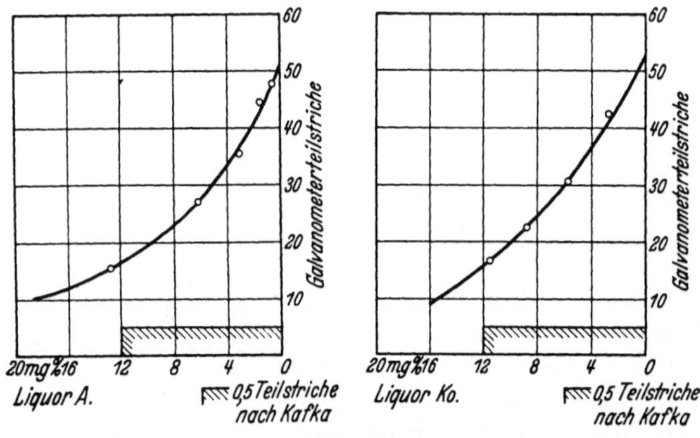

Abb. 18.

Für die im klinischen Laboratorium auszuführende Eiweißbestimmung
mit Hilfe von Photozellen ist ferner wertvoll, daß bei eingestellter
Apparatur die Messungen rasch durchführbar sind und man beim Ablesen
nicht ermüdet. Man kann ganz gut innerhalb einer Stunde 10—12 Werte
bestimmen. *Die Methode ist in der Ausführung sehr einfach, man kommt
außerdem mit Liquormengen von 0,25 ccm aus. Der große und grundlegende
Unterschied gegenüber der nephelometrischen Methode nach Custer besteht
darin, daß wir ein objektives Meßverfahren verwenden, das den Fehler der
subjektiven Ablesung ganz ausscheidet.*

Wir haben bereits früher hervorgehoben, daß das Liquoreiweiß mit
einer für praktisch-klinische Zwecke ausreichenden Genauigkeit mittels
der verschiedenen Laboratoriumsmethoden (Eiweißrelation nach *Kafka*,
nephelometrische Methode nach *Custer*, *Kjeldahl*-Verfahren) bestimmt
werden konnte. Jedenfalls war die Möglichkeit gegeben, mit relativ
kleinen Liquormengen einigermaßen brauchbare Eiweißwerte zu bekommen.

II. Lipoidbestimmungen.

1. Ganz anders verhält es sich nun mit dem *Liquorcholesterin*, das
normalerweise nur in Spuren, d. h. in Mengen bis zu 0,3 mg-%, im

Liquor vorhanden ist. Diese Substanz beginnt aber gerade in der letzten Zeit eine ganz besondere diagnostische Bedeutung zu bekommen. Über die Cholesterinverteilung innerhalb des Gehirns selbst wissen wir folgendes: Im Gehirn ist nur freies Cholesterin vorhanden, während in der Haut, im Blut und in der Nebenniere neben dem freien Cholesterin auch seine Ester mit Ölsäure und anderen Fettsäuren zu finden sind. Die Größenordnungen sind:

Gesamtes Menschenhirn (trocken) etwa . . .	10% Cholesterin
Rinde	$1,15\%$,,
Weiße Substanz	$2,47\%$,,
Kleinhirn etwa	$1,31\%$,,
Brücke und verlängertes Mark	$4,03\%$,,
Nervus ischiadicus	$5,61\%$,,

Zum Vergleich, der zeigen soll, wie außerordentlich hoch im Verhältnis zu anderen Geweben der Cholesteringehalt des Gehirns ist, bringen wir noch eine Tabelle anderer Organe:

Niere feucht	$0,24\%$ Cholesterin
Muskel trocken	$0,23\%$,,
Nebenniere	$3,0\%$,,
Ovar	$0,43\%$,,
Leber	$0,52\%$,,

Bei den verschiedensten destruktiven Prozessen im Bereich des Nervensystems, wie Tumoren, Arteriosklerose, Hirntraumen und ähnlichen Erkrankungen, gerät nun offenbar Cholesterin in die Liquorräume hinein; dabei wird das Lipoid aus den präformierten Strukturen durch Zerstörung des Lipoid-Eiweißkomplexes frei. Bis vor nicht all zu langer Zeit war man allerdings wegen der zu geringen Empfindlichkeit der Methoden nicht in der Lage gewesen, dieses nachzuweisen. So war es nicht weiter verwunderlich, daß ein großer Teil der Autoren sogar im pathologischen Liquor kein Cholesterin fand.

Knauer und *Heidrich* führten dann methodische Neuerungen ein und fanden bei den verschiedensten destruktiven Prozessen (Porencephalie usw.) höhere Cholesterinmengen im Liquor. Es war auch von vornherein zu erwarten, daß man bei Hirn- und Rückenmarkstumoren beträchtliche Cholesterinvermehrungen antreffen würde. Die erwähnten Autoren haben auch in der Tat Werte bis zu 5,92 mg-% feststellen können. *Pluul* und *Rudy* fanden erhöhtes Liquorcholesterin bei Poliomyelitis, Ischias, Pachymeningitis, Hirnabsceß und Tumoren, ferner auch bei der *Schüller-Christiansen*schen Krankheit. Recht bemerkenswert ist, daß *Holthaus* und *Wichmann* nach elektrischen Unfällen ebenfalls Erhöhungen des Liquorcholesterins nachwiesen. Damit erhielten die oft schwer deutbaren klinischen Befunde eine objektive Unterlage. Bei Hydrocephalus ist *Leévay* und *Mosony* eine Verminderung aufgefallen, und zwar auf Werte von durchschnittlich 0,066 mg-%. Es soll sich dabei um eine Verminderung infolge Verdünnung des Liquors handeln.

Über die Phosphatide des Liquors liegen nicht so viele Einzelbeobachtungen vor, wie man sie vom Liquorcholesterin her kennt. *Mestrezat* und *Donat* haben sich mit derartigen Untersuchungen befaßt. Der letztere konnte bei Tabes und *Jackson*-Epilepsie Lecithin feststellen. Die grundlegenden Arbeiten stammen indessen von *Knauer* und *Heidrich*. Diese stellten fest, daß eine Cholesterinvermehrung im allgemeinen auch mit einer Phosphatidvermehrung einhergeht. Diese Tatsache ist vermutlich auf Zerfallsprozesse zurückzuführen. Die erwähnten Autoren konnten normalerweise 0,8—1,38 mg-% Phosphatide nachweisen. Bei der Meningitis fanden sich Werte bis hinauf zu 18,94 mg-%. Bei der Epilepsie lagen die Werte zwischen 0,86—1,87 mg-%, im Anfall dagegen weit höher, und zwar bis zu 3,6 mg-%. In diesen Fällen hat man es mit erheblichen organischen Hirnläsionen zu tun, die sich in Veränderungen des Lipoidgehaltes des Liquors manifestieren. Diese Befunde weisen somit ganz besonders darauf hin, welche große Rolle die Lipoide des Liquors im Rahmen von diagnostischen Erwägungen spielen sollten [1]; so galt doch bisher die Epilepsie als eine Erkrankung, die kaum zu Liquorveränderungen führt, da die bisher üblichen Untersuchungsmethoden diese nicht erkennen ließen. Erst die Lipoidbestimmungen vermögen hier wesentliche Veränderungen des Liquors aufzudecken.

Sehr eingehende Untersuchungen zum Lipoidstoffwechsel des Liquors, insbesondere der Phosphatide, sind von *O. Seuberling* angestellt worden. Diese, bisher nur aus einem Referat bekannt, werden noch in der Zeitschrift für Neurologie zur Veröffentlichung kommen. *Seuberling* fand Werte zwischen 0,13 und 0,75 mg-% Phosphatid im Liquor. Die Phosphatidkonzentration war im Ventrikelliquor am geringsten, im Lumballiquor am stärksten. Nach Ansicht des Verfassers stammt das Phosphatid nicht aus den Plexuszellen, sondern wird dem Liquor erst auf seinem weiteren Laufe aus Gehirn, Rückenmark und den Gefäßen beigemischt. In etwa 100 Fällen traf *Seuberling* Phosphatiderhöhungen bei Erkrankungen an, die mit Lipoidabbau einhergingen. Ein spezifischer Charakter soll diesen Vermehrungen nicht zukommen. Ausgesprochene Verminderungen des Lipoids zeigten sich bei Hydrocephalus. Die angewandte Methode ist indessen noch nicht in allen Einzelheiten veröffentlicht.

---

[1] Bereits 1919 hat *Eskuchen* diese Entwicklung vorausgesehen, wenn er sich dahin äußerte: „Da das Gehirn zu $^2/_3$ aus Lipoiden besteht (davon etwa 10% Cholesterine, etwa 15% Lecithin), konnte man a priori annehmen, daß bei mit Degeneration einhergehenden Erkrankungen die Lipoide im Liquor in kleinerer und größerer Menge auftreten müßten und diagnostisch wertvolle Anhaltspunkte geben könnten. Wir haben aber gesehen, daß diese Mengen so gering oder die Untersuchungsmethoden noch zu unvollkommen sind, als daß bisher das praktische Resultat des Nachweises der Lipoide ermutigend wäre. Immerhin ist der Weg theoretisch durchaus begründet, und es ist vielleicht nur noch eine Frage der Zeit, daß die Untersuchung auf Lipoide in ebenbürtige Konkurrenz zur Eiweißbestimmung des Liquors treten wird.‘‘

Im Rahmen unserer Arbeit interessieren im Hinblick auf die von uns neu eingeführten Methoden nun besonders die krankhaften Veränderungen des Cholesterinspiegels des Liquors. Diese werden recht häufig übersehen, da sie ohne Erhöhung der Eiweißkonzentration vorkommen können. Aber auch innerhalb eines sicher krankhaften Liquorsyndroms kann die Höhe des Cholesterinspiegels eine wichtige und in diagnostischer Hinsicht richtunggebende Rolle spielen. Z. B. spricht bei einer Querschnittslähmung hoher Choleringehalt für Tumor und gegen multiple Sklerose. Von *Plaut* wurden 2 Fälle erwähnt, in denen eine spinale Form der multiplen Sklerose vom Kliniker diagnostiziert worden war. Durch die bei der Liquoruntersuchung gefundenen hohen Cholesterinwerte wurde dieses unwahrscheinlich gemacht. Es lagen in der Tat beide Male spinale Tumoren vor. Bei einer Gegenüberstellung von akuter multipler Sklerose und akuter schwerer Polyneuritis fanden sich in beiden Fällen Paralysekurven, bei der neuritischen Erkrankung jedoch dazu noch sehr hohes Eiweiß und eine deutliche Cholesterinvermehrung.

Ähnlich konnten wir bei spinaler Arachnoiditis ein Verhalten des Cholesterins beobachten, wie es anscheinend gerade für diese Erkrankung typisch ist. Die klinische Diagnose lautete: Neurinom. Bei der Myelographie zeigte sich ein deutlicher Stopp. Es fanden sich 20/3 Zellen im Liquor. Das Eiweiß war auf das 4fache erhöht. Cholesterin betrug 0,5 mg-%. Die Untersuchung des suboccipital gewonnenen Liquors zeigte völlig normale Zellzahl, normales Eiweiß. Nun war aber bemerkenswerterweise das Cholesterin mit 0,9 mg-% auf das 3fache erhöht. Dieses wies unbedingt darauf hin, daß ein ausgedehnterer Prozeß vorliegen mußte, als es sich dem klinischen Bilde und dem Resultat der Myelographie nach ergab. Das Liquorsyndrom ließ befürchten, daß eine sehr ausgedehnte Arachnoiditis vorlag, die auch Veränderungen im Bereich der Zisterne gesetzt hatte. Hier muß besonders hervorgehoben werden, daß man ohne das Ergebnis der Cholesterinbestimmung überhaupt nicht in der Lage gewesen wäre aufzudecken, daß der zisternale Liquor pathologisch verändert war. Die Operation bestätigte, daß ausgedehnte arachnoiditische Verwachsungen vorlagen.

Verfasser konnte ferner bei einer großen Zahl von Kriegshirnverletzten, bei denen die Hirnläsion etwa 20 Jahre zurücklag, in gewisser Parallelität zum encephalographischen Befund und dem klinischen Bild leichte aber deutliche Vermehrungen des Liquorcholesterins nachweisen, ein Befund, der in Zusammenhang mit abnormen Abbauvorgängen im Bereich der traumatischen Hirnrindendefekte gebracht wurde (s. die folgenden Tabellen).

Diese Beispiele zeigen, welch eine brauchbare Methode zum Nachweis schwierig zu erfassender Liquorveränderungen die empfindliche Cholesterinbestimmung ist.

Befunde bei Kriegshirnverletzten.
Obere Normalgrenze des Cholesterins 0,25 mg-%.

Fall	Eiweiß *Nissl*	Zellen	Cholesterin	Encephalographie
A.	1	4/3 Lymph. 2/3 Leuk.	0,6	Markstückgroßer Knochendefekt im Bereich der Scheitelhöhe; dort mehrere kleinere Granatsplitter innerhalb der Hirnsubstanz. In der Region der Vorderhörner stärkere oberflächliche, unscharf begrenzte Luftansammlungen. Stark vermehrte Oberflächenzeichnung.
Sch.	1	0	0,4	Stark vermehrte Oberflächenzeichnung. Das gesamte Ventrikelsystem ist mäßig erweitert. Das rechte Vorderhorn ist nicht dargestellt; links ist die Füllung unregelmäßig. Beide Hinterhörner sind erweitert.
St.	1	7/3 Lymph. 2/3 Leuk.	0,3	Vermehrte Oberflächenzeichnung. Abschluß des Foramen Monroi rechts? 3. Ventrikel und die linke Hälfte des Ventrikelsystems sind dargestellt.
D.	$1^1/_4$	24/3 Lymph. 5/3 Leuk.	0,3	Stärkerer Hydrocephalus internus. Arachnitis cystica.
B.	$^1/_2$	20/3 Lymph.	0,3	Hydrocephalus internus (symmetrisch). Besonders starke Erweiterung der Vorderhörner.
K.	$2^1/_2$	3/3 Leuk.	0,5	Vermehrte Oberflächenzeichnung in der Frontalregion. Stärkerer Hydrocephalus internus. Asymmetrie der Vorderhörner, das linke erheblich weiter als rechts. Hinterhörner symmetrisch erweitert.
W.	1	2/3 Lymph. 1/3 Leuk.	0,9	Mäßig vermehrte Oberflächenzeichnung. Die Hinterhörner sind leicht erweitert, sonst normales Ventrikelbild.
Schn.	$1^3/_4$	3/3 Lymph.	negativ	Normales Encephalogramm.
Wa.	$1^1/_4$	2/3 Lymph.	negativ	Normales Encephalogramm.
Ka.	$1^1/_2$	3/3 Lymph.	negativ	Normales Encephalogramm.
Se.	2	2/3 Lymph. 5/3 Leuk.	0,4	Größerer Defekt über dem rechten Scheitellappen. Vorderhörner beiderseits nach oben ausgezogen, von normaler Größe. Mehrere größere Granatsplitter im Bereiche der oberen Scheitellappenregion.
Kü.	$2^1/_2$	4/3 Lymph. 2/3 Leuk.	0,6	Füllungsdefekt des rechten Vorderhornes. Stark vermehrte Oberflächenzeichnung. Nach Lagerung keine Änderung des Ventrikelbildes. Das rechte Hinterhorn weist ebenfalls einen Füllungsdefekt auf.
H.	1	2/3 Lymph. 2/3 Leuk.	0,4	Größere Knochensplitter an der Schädelbasis direkt hinter der linken Orbita. Vorderhörner bds. erweitert; das rechte ist nach rechts oben ausgezogen. Es finden sich 2 Granatsplitter von Stecknadelkopfgröße im Bereich des rechten Parietallappens.

Fall	Eiweiß *Nissl*	Zellen	Chole-sterin	Encephalographie
Hü.	1¹/₄	1 3 Lymph.	0,6	Kleinhandtellergroßer Defekt in der linken Parieto-Occipitalregion. Stärkerer asymmetrischer Hydrocephalus internus (Ventrikelsystem links weiter als rechts. Vorderhörner annähernd gleich).
Bay.	2	1 3 Leuk.	0,4	Starker Hydrocephalus internus mit besonderer Ausweitung des Ventrikelsystems rechts. Oberflächliche größere Luftansammlung unterhalb eines Knochendefektes über der rechten Schläfe. Porencephalie.
Ko.	1³/₄	1 3 Lymph. 2/3 Leuk.	0,3	Markstückgroßer Defekt im rechten Stirnbein. Ventrikelbild normal.
Z.	2¹/₄	2/3 Leuk.	negativ	Talergroßer Defekt des rechten Os occipitale. Normales Ventrikelbild, abgesehen von Erweiterung des rechten Hinterhornes.

2. Nun zu den Methoden der Cholesterinbestimmung. Die Grundlage für alle Methoden der colorimetrischen Cholesterinbestimmung bildet eine Farbreaktion nach *Liebermann-Burchard* [1], die colorimetrisch ausgewertet wird. Die meisten Methoden eigneten sich bislang wegen der großen Liquormengen, die benötigt wurden, nicht recht für klinische Zwecke, vor allem aber nicht für fortlaufende Liquoruntersuchungen an einem größeren Material. *Knauer* und *Heidrich* mußten z. B. 100 ccm Liquor verwenden, um den Lipoidnachweis sicher durchführen zu können. Derartig große Liquormengen wird man nur in den seltensten Fällen zur Verfügung haben.

Es ist das besondere Verdienst von *Plaut* und *Rudy*, ein recht einfaches Verfahren zur Extraktion des Cholesterins aus sehr geringen Liquorbeständen (1 ccm) ausgearbeitet zu haben. Dieses wurde mir bereits im Sommer 1933 in seiner jetzigen modifizierten Form mitgeteilt. *Plaut* verfährt folgendermaßen: 1 ccm des zentrifugierten Liquors wird mit Hilfe einer genauen Pipette in ein graduiertes Zentrifugenglas von 10 ccm Inhalt gebracht und im evakuierten Exsiccator bei 37° über Schwefelsäure getrocknet. Das Evakuieren muß sorgfältig geschehen, damit nichts verspritzt; man bricht es am besten ab, wenn der Liquor zu schäumen beginnt. Das Trocknen ist im allgemeinen nach 24 Stunden beendet, wird jedoch immer auf 48 Stunden ausgedehnt, um möglichst gleichmäßiges Arbeiten zu gewährleisten, da der Feuchtigkeitsgehalt des Liquorrückstandes eine große Rolle bei der nachfolgenden Extraktion spielt. Der

---

[1] *Liebermann-Burchards*-Reaktion: Versetzt man eine Lösung von Cholesterin in Chloroform tropfenweise mit Essigsäureanhydrid und konzentrierter Schwefelsäure, so wird die Lösung erst rosenrot, dann violett, blau und schließlich dunkelgrün. Diese dunkelgrüne Färbung wird meist nach 10 Min. endgültig erreicht, sie liegt den colorimetrischen Messungen zugrunde.

trockene Liquorrückstand wird mit 3 ccm eines Gemisches aus gleichen Teilen Chloroform (D.A.V. VI) und absolutem Alkohol versetzt und mit einem Spatel säuberlich von der Glaswand entfernt.

Plaut verwendet das genannte Gemisch, weil im allgemeinen Lösungsmittelgemische besser lösen als die Komponenten selbst. Versuche am gleichen Liquor hatten ihm gezeigt, daß, wenn man Alkohol, Ätheralkohol, Petroläther, Petrol-Äther-Alkohol zur Extraktion verwandte, das genannte Alkoholchloroformgemisch die stärkste Lösungskraft besaß.

Die Zentrifugengläser, die den in einem Chloroform-Alkoholgemisch aufgelösten trockenen Liquorrückstand enthalten, werden in ein bis zur Hälfte gefülltes 100 ccm Becherglas gestellt und auf einer Asbestplatte mittels Sparflamme in gleichmäßigem schwachen Sieden erhalten. Dabei wird das verdampfende Lösungsmittelgemisch von Zeit zu Zeit ergänzt. Nach einer Stunde wird in *Uhlenhuth*-Röhrchen abgegossen und der Rückstand mit Chloroform nochmals ganz kurz im Wasserbad aufgekocht. Dann werden die vereinigten Extrakte über freier Flamme bis auf einen kleinen Rest abgedampft. Nun erfolgt die Trocknung des Extraktes nach folgender Vorschrift: Die *Uhlenhuth*-Röhrchen werden alle gleichzeitig (Höchstzahl acht Röhrchen) in ein mäßig stark siedendes Wasserbad (100 ccm Becherglas) gesetzt und genau nach $8^1/_2$ Min. von der Flamme genommen. Hierauf wird das Becherglas bis an den Rand mit kaltem Wasser aufgefüllt, so daß nun die Gläser nach Zusatz von einem Kubikzentimeter Chloroform in einem Wasserbad von 40^0 10 Min. stehen können. Dann wird in ein zweites *Uhlenhuth*-Röhrchen abgegossen und nochmals mit 0,3 ccm Chloroform nachgespült. Die vereinigten Chloroformextrakte werden über der Flamme auf 0,25 ccm eingeengt. Zur Anstellung der *Liebermann-Burchard*-Farbreaktion werden sie nach dem Abkühlen mit 0,1 ccm eines frisch bereiteten Gemisches aus 20 Volumteilen Essigsäure-Anhydrid (pro Analyse) und 1 Volumteil Schwefelsäure versetzt. Nach 10 Min. langem Stehen im Dunkeln bei 30^0 muß sofort abgelesen werden, da die Farben recht rasch verblassen.

Bei der quantitativen Abschätzung der Cholesterinmengen wird mit einer Reihe von Standardgläsern verglichen, deren Cholesteringehalt 0,15, 0,20, 0,30, 0,40, 0,50, 0,70 und 0,90 mg-% entspricht, d. h. in je 0,25 ccm Chloroform waren 1,5; 2,0; 3,0; 4,0; 5,0; 7,0 und 9,0 γ reines Cholesterin gelöst. Will man höhere Werte bestimmen, so empfiehlt es sich, mit kleinerer Liquormenge oder mit Verdünnungen zu arbeiten, da die Ablesung sonst ungenau wird.

Es muß ganz besonders hervorgehoben werden, wie wichtig es ist, stets brauchbares Chloroform zu verwenden, da jeglicher Wasser- oder Alkoholgehalt die *Liebermann-Burchard*-Reaktion stark verändert. *Plaut* empfiehlt Chloroform Merk; für das Chloroform-Alkoholgemisch reicht allerdings die Qualität der D.A.B. VI.

3. Man wird zugeben müssen, daß diese quantitative Schätzung für denjenigen, der es gewohnt ist, exakte physiologisch-chemische Methoden anzuwenden, nicht ganz befriedigend ist. *Plaut* hat selbst daran gearbeitet, die Genauigkeit seiner Methode sicherzustellen und ihr eine breitere Grundlage zu geben. In einer seiner weiteren Veröffentlichungen wurden daher die Ablesungen mit Hilfe von Standardgläsern mit denjenigen verglichen, die man mittels eines Stufenphotometers erhalten hatte. Da das zur Verfügung stehende Ausgangsmaterial nur sehr gering war, mußte zu den Messungen mittels des Stufenphotometers eine Mikrocuvette von 20 mm Schichtdicke verwandt werden, die etwa 0,5 ccm

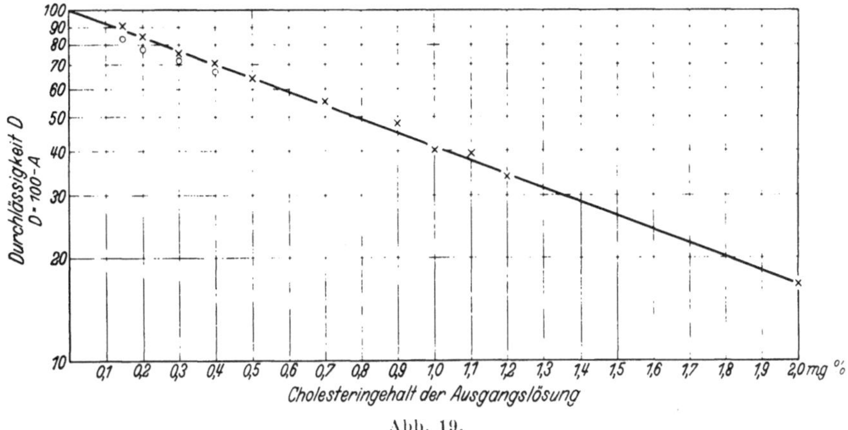

Abb. 19.

der Lösung zur Füllung erforderte; *Plaut* kam so mit 2 ccm Liquor als Ausgangsmaterial aus. Vorher war an einer Vergleichslösung, die durch Auflösen von Nickelnitrat in Wasser hergestellt wurde, und die etwa die Farbe der Cholesterinlösung hatte, festgestellt, daß die Mikrocuvetten die Genauigkeit der Bestimmungen nicht beeinträchtigten. Zunächst wurde mit Hilfe frisch bereiteter Standardlösungen eine Eichkurve aufgenommen. Die Konzentrationsangaben in Milligrammprozent beziehen sich auf die untersuchte Ausgangslösung (s. Abb. 19).

Die in der Cuvette zur Messung gelangende Chloroformlösung ist wesentlich konzentrierter. Die angegebene Cholesterinmenge ist in 0,484 g des Lösungsmittels enthalten.

Das für die Messung geeignete Instrument ist das *Pulfrichsche* Stufenphotometer. Die Wirkungsweise dieses Instrumentes (s. Abb. 20) beruht auf folgendem Prinzip:

Die von dem Spiegel S herkommenden Strahlenbündel von gleichmäßiger Helligkeit treten nach dem Passieren der Gefäße A und B bei O_2 und O_1 in den Apparat ein und werden, nachdem sie die Blenden und die Objektivlinsen L_1 und L_2 durchlaufen haben, durch die Prismen P_1 P_2 und P_3 zu zwei in einer scharfen Trennungslinie aneinanderstoßenden Halbkreisen im Okular Ok vereinigt.

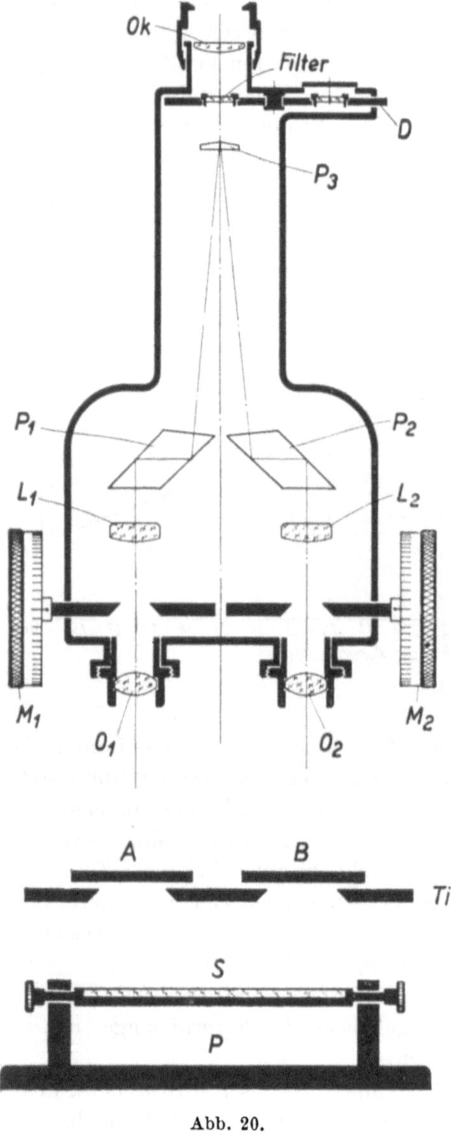

Abb. 20.

Werden beide Fernrohröffnungen mit der gleichen Lichtintensität beleuchtet, so erscheint im Okular bei voller Öffnung der beiden quadratischen Blenden ein gleichmäßig helles, durch eine feine Trennungslinie in zwei Hälften zerlegtes Gesichtsfeld. Schaltet man nun zwei zu vergleichende Stoffe, z. B. auf der einen Seite eine Cuvette mit der zu untersuchenden gefärbten Flüssigkeit und auf der anderen Seite eine gleiche Cuvette mit optisch leerem Wasser ein, so wird das Gesichtsfeld auf seiten der absorbierenden Flüssigkeit dunkler erscheinen, und zwar um einen Betrag, dessen Größe durch die Lichtabsorption der gefärbten Lösung bedingt ist. Wenn man durch Drehen der Meßtrommel (Verkleinerung der Blendenöffnung) die andere Seite ebenfalls verdunkelt, bis beide Gesichtshälften wieder gleich sind, so gibt die Ablesung an der Trommelteilung unmittelbar die Schwächung an, die das Licht in der zu untersuchenden Flüssigkeit erfahren hat. Die Bestimmung wird dadurch möglich gemacht, daß die Farbunterschiede durch Einschalten eines Farbfilters vor das Okular ausgeglichen zu messen sind. Die abgelesene Zahl bedeutet die Intensität des von der Probe durchgelassenen Lichtes in Prozenten der einfallenden Intensität und wird allgemein als Durchlässigkeit in Prozenten angegeben. Die Differenz zwischen 100 und dieser Zahl ist die Lichtabsorption in Prozenten. (Bei Gültigkeit

des *Beer*schen Gesetzes ist $\lg \frac{J_0}{J} = K\,d\,c$ [$J_0 =$ Intensität des einge-
strahlten Lichtes, $J =$ Intensität des durchgehenden Lichtes, $K =$ Ex-
tinktionskoeffizient, $d =$ Schichtdicke, $c =$ Konzentration].)

Die in der *Plaut*schen Kurve (s. Abb. 19) mit $+$ bezeichneten Punkte
wurden an reinen Cholesterinlösungen erhalten. Die mit o bezeichneten
Punkte entsprechen der Durchlässigkeit von Lösungen, denen zur
Erzeugung einer geringen Gelbfärbung, wie sie ja nicht selten in den
Liquorextrakten vorhanden ist, Fettsäuren zugesetzt waren. Aus der
Kurve geht hervor, daß von 0,4 mg-% Cholesterin an dieser Fettsäure-
zusatz ohne Einfluß auf die Ablesung ist. Bei geringeren Cholesterinkonzentrationen wird der Einfluß des Fettsäurezusatzes allerdings erheblich größer.

Die Methode hat gewisse Fehlerquellen. *Plaut* gibt selbst an, daß
bei der gleichen Lösung die Ablesungsfehler 0,1—0,5 Trommelteile betragen können. Bei etwa 50% Absorption bedeutet ein Versehen um
0,5 Trommelteile einen Fehler von 0,02 mg-%. Unter 0,2 mg-% wird
die Ablesung ungenauer, oberhalb 2,0 mg-% wächst der absolute Fehler
sehr. Es wird dazu geraten, die Lösungen vor der Ablesung zu verdünnen.

Eine besondere Fehlerquelle liegt in der raschen Veränderlichkeit der
Lösungen; und es ist unseres Erachtens daher sehr wesentlich, daß von
Plaut entsprechende Versuche gemacht wurden, um dieses festzulegen.
Es wurden Standardlösungen von 0,2 und 0,8 mg-% 4 Min. im Dunkeln
aufbewahrt, dann in die Cuvette gefüllt und Messungen alle 30—60 Sek.
vorgenommen. Die folgende Tabelle zeigt diese Veränderungen:

Tabelle 6. Cholesterinwerte in Milligrammprozent nach folgender Zeit.

5	6	7	7,5	8	8,5	9	9,5	10	11	12	14	15	18	20
							Minuten							
0,18	0,19	0,21	0,22	0,22	—	0,21	0,20	0,20	0,21	0,20	0,18	0,18	0,15	0,13
0,70	0,75	0,80	0,82	—	0,85	0,84	0,82	0,80	0,80	0,97	0,75	0,70	0,64	0,60

Man sieht, daß nicht unerhebliche Schwankungen vorkommen und
es auf jeden Fall nötig ist, die Ablesungszeit nach Ansatz der *Liebermann-
Burkhard*-Reaktion konstant zu halten. Es wird gewöhnlich eine Zeit
von 10 Min. gewählt, während der die Lösungen im Dunkeln stehen
müssen. *Sicher ist, daß die eben erwähnte Fehlerquelle bei der Methode
der Standardgläser wegfällt, weil hier Vergleichslösungen und zu messende
Lösungen gleichzeitig angesetzt werden.*

Plaut hat nun in einer ganzen Reihe von Einzelfällen Cholesterinwerte einander gegenübergestellt, die sowohl mit der Standardglasmethode als auch stufenphotometrisch ermittelt wurden. In der

Tabelle 7 sind Normalwerte zusammengestellt, d. h. der Cholesteringehalt
übersteigt bei Anwendung der Standardgläsermethode nicht 0,25 mg-%.

Tabelle 7. (a = Standardgläser, b = Stufenphotometer.)

Fälle	Diagnose	Cholesterin		Sonstige Liquorbefunde
		a	b	
1	Multiple Sklerose	0,25	0,28	24/3 Z., Kolloidzacken
2	Anämie	0,15	0,07	Normal
3	Psychopathie	0,15	0,185	42 mg-% Eiweiß
4	Psychopathie	0,20	0,225	Normal
5	Postencephalitis	0,15	0,175	Normal
6	Lues latens	0,25	0,21	Normal
7	Lues congenita	0,20	0,175	Normal
8	Paralyse nach Malaria	0,15	0,155	42 mg-% Eiweiß, Kolloidzacken
9	Pachymeningitis	0,20	0,145	60 mg-% Eiweiß, Kolloidzacken
10	Debilität	0,20	0,135	Normal
11	Lues latens	0,15	0,22	Normal
12	Lues latens	0,15	0,17	Normal
13	Unklar	0,20	0,18	Normal
14	Extradurales Hämatom	0,20	0,185	46 mg-% Eiweiß, Kolloidzacken
15	Kachexia strumipriva	0,20	0,215	42 mg-% Eiweiß, Kolloidzacken
16	Epilepsie	0,20	0,29	Normal

Die am Photometer abgelesenen Werte zeigten in keinem Falle bezüg-
lich des Cholesteringehaltes nennenswert höhere Werte, als sie die erste
Methode nachweisen konnte. *Plaut* führt hierzu aus: „*Holthaus* und *Wichmann* bezeichneten auf Grund der Untersuchungen mit dem Stufenphotometer einen Cholesteringehalt des Liquors von 0,2—0,6 mg-% als normal,
während wir mit unserer Standardgläsermethode die obere Grenze des
Normalwertes bei 0,2 mg-% ziehen und bereits 0,3 mg-% als suspekten
Grenzwert bezeichnen. Die erwähnten Autoren nehmen an, daß die Ablesung mit den Standardgläsern den Cholesteringehalt nicht voll erfassen
könne; der von uns durchgeführte direkte Vergleich beider Methoden zeigt,
daß diese Annahme nicht berechtigt ist. Der Ablesungsunterschied kann
die von *Holthaus* und *Wichmann* gefundenen hohen Normalwerte nicht
erklären. Eine stärkere Beimischung von Fettsäuren kann zwar höhere
Cholesterinwerte bei der Photometerablesung vortäuschen (vgl. Abb. 19);
aber diese Erhöhung kann selbst bei cholesterinarmen Lösungen nicht mehr
als 20% des abgelesenen Wertes betragen.“ In einer weiteren Tabelle
(s. Tab. 8) finden sich die Ergebnisse vergleichender Untersuchungen
bei einwandfrei erhöhtem Cholesteringehalt des Liquors. Mehrfach lag
der am Photometer abgelesene Wert tiefer als der mit den Standardgläsern bestimmte.

Plaut führt dieses darauf zurück, daß bei der Ablesung die Färbung
schon zu verblassen begonnen hatte. Er ist der Meinung, daß die höheren
Cholesterinwerte, die *Holthaus* und *Wichmann* gefunden hätten, besonders
im Bereich der sog. Normalwerte, demnach nicht in der verschiedenen

Tabelle 8.

Fälle	Diagnose	Cholesterin		Sonstige Liquorbefunde
		a	b	
1	Bulbärparalyse	0,35	0,33	Normal
2	Sclerosis multiplex?	0,35	0,28	75 mg-% Eiweiß, Kolloidzacken
3	Symptomatische Epilepsie	0,35	0,32	56 mg-% Eiweiß, Kolloidzacken
4	Ischias	0,40	0,32	75 mg-% Eiweiß, Kolloidzacken
5	Meningitis in Rückbildung	0,6	0,485	56 3 Z., 150 mg-% Eiweiß, Kolloidzacken
6	Subdurales Hämatom Trauma	0,75	0,58	156 3 Z., 180 mg-% Eiweiß, Kolloidzacken, Blut
7	Meningitis tbc.	1,30	1,18	357 3 Z., 250 mg-% Eiweiß, Kolloidzacken rechts
8	Meningitis tbc.	1,60	1,60	176 3 Z., 300 mg-% Eiweiß, Kolloidzacken
9	Tumor spin. (*Froinsches* Syndrom)	3,60	3,40	26 3 Z., 800 mg-% Eiweiß, Kolloidzacken rechts

Methode der Farbablesung begründet seien, da der Unterschied stets kleiner als 25% bleibe. *Er führt diese Differenz nicht auf Ablesungsfehler, sondern auf Unterschiede in der Aufarbeitung des Materials zurück.* Vergleichsuntersuchungen mit beiden Methoden zeigten, daß die Fehlergrenzen ziemlich die gleichen sind.

Zu beiden Methoden muß aber gesagt werden, daß die eine, die Standardglasmethode, letzten Endes doch nur auf quantitativer Schätzung beruht, während der anderen die Fehler der subjektiven Ablesung anhaften müssen.

4. Mit Hilfe unserer lichtelektrischen Methode versuchte ich daher, eine objektive Registrierung der sich in den Liquorextrakten befindenden Cholesterinmengen zu erreichen. Es gelang allerdings erst nach Überwindung einer Reihe von erheblich größeren technischen Schwierigkeiten, als sie sich der Eiweißbestimmung entgegenstellten.

Ich berichte zuerst über eine Reihe von Vorversuchen, die unternommen werden mußten, um zu einer geeigneten Meßanordnung zu kommen. Wir beabsichtigen dabei, nicht die angestellten Untersuchungen in all ihren Einzelheiten zu schildern, sondern es soll gezeigt werden, daß auch diese lichtelektrische Bestimmung des Cholesterins *auf sicheren physikalischen Grundlagen* ruht. Es sind verschwindend kleine Cholesterinmengen, die bestimmt werden müssen. In einem Kubikzentimeter Liquor befindet sich normalerweise höchstens 2,5—3 γ Cholesterin. Erhöhte Werte beginnen bereits bei 4—5 γ, so daß von der Methode gefordert werden muß, daß sie *wenigstens Unterschiede von 2 γ* mit Sicherheit erfaßt. Wir führten zu Beginn umfassende Vorversuche aus, um den für die Messungen geeigneten Wellenlängenbereich zu finden, d. h. wir stellten fest, bei welcher Wellenlänge sich verschiedene sehr niedrige Cholesterinmengen am sichersten trennen ließen. Die hierzu verwandte

Versuchsanordnung bestand aus einer Punktlampe, deren Helligkeit mit
Hilfe eines Widerstandes reguliert wurde (Abb. 21).

Das Licht passiert dann einen sog. Monochromator [1], der erlaubt,
die verschiedensten Wellenlängen einzustellen. Vor dem Monochromator
wird die Cuvette mit dem zu untersuchenden Farbgemisch aufgestellt.
Das Licht fällt schließlich auf eine Photozelle (ganz links in der Abb.),
deren elektrische Impulse mit Hilfe eines sehr empfindlichen Zeiger-
galvanometers registriert wurden.

Die erste Aufgabe bestand in der Feststellung, wie sich die Lichtabsorption bei den verschiedenen in Frage kommenden Cholesterinkonzentrationen verhält, und welche Abhängigkeit von der Wellenlänge besteht.

Abb. 21.

Auf diese Weise erhält man den geeignetsten Meßbereich. Die zu diesen
Messungen nötigen Farbgemische wurden so hergestellt, daß bekannten
Lösungen des Cholesterins in Chloroform das Säuregemisch, wie es bei
der *Liebermann-Burkhard*-Reaktion angewandt wird, zugesetzt wurde.
Da man auf Standardisierung der Versuchsbedingungen den größten
Wert legen mußte, wurden die Farbgemische vor der Untersuchung
10 Min. lang in ein Wasserbad mit konstanter Temperatur gebracht und
dann genau nach Ablauf dieser Zeit lichtelektrisch untersucht. Die
folgenden Absorptionskurven (s. Abb. 22) wurden mit Cholesterinkonzentrationen von 0,2, 0,4, 0,6 und 0,8 mg-% aufgenommen. Die oberste
Kurve hatte die niedrigste Konzentration von 0,2 mg-%. Man kann aus
den Kurven entnehmen, daß sich die deutlichsten Unterschiede zwischen

---

[1] Der Monochromator ist ein lichtstarker Spektralapparat, der häufig für optische
Apparaturen benutzt wird. Er gestattet, monochromatisches Licht aller Wellenlängen des sichtbaren Spektrums zwischen etwa 400 und 800 $\mu\mu$ zu verwenden. Er
enthält eine Prismenanordnung nach *Wadsworth*.

den einzelnen Konzentrationen bei einer Wellenlänge von 610 $\mu\mu$ herausarbeiten lassen. Die Kurvenschar weicht hier stark auseinander, so daß die Differenzen zwischen den lichtelektrischen Ausschlägen, die den verschiedenen Konzentrationen entsprechen, hier am größten sind. Daraus folgt, *daß sich die Messungen bei Verwendung einer Wellenlänge von 610 $\mu\mu$ am präzisesten durchführen lassen.* Wir konnten daher später den komplizierten Monochromator entbehren und durch ein einfaches Filter, das seinen Schwerpunkt bei 610 $\mu\mu$ hatte, ersetzen, so daß eine ganz erhebliche Vereinfachung und Verbilligung des Verfahrens möglich war.

Diese Vorversuche führten zur Zusammenstellung einer endgültigen sehr einfachen Apparatur für die Bestimmung des Cholesterins im Liquor (vgl. umstehende Abb. 23 a—c). Diese besteht aus einer kleinen Glühlampe, deren Lichtintensität mit Hilfe eines Widerstandes konstant gehalten wird. Außerdem verwenden wir Akkumulatoren von hoher Ka

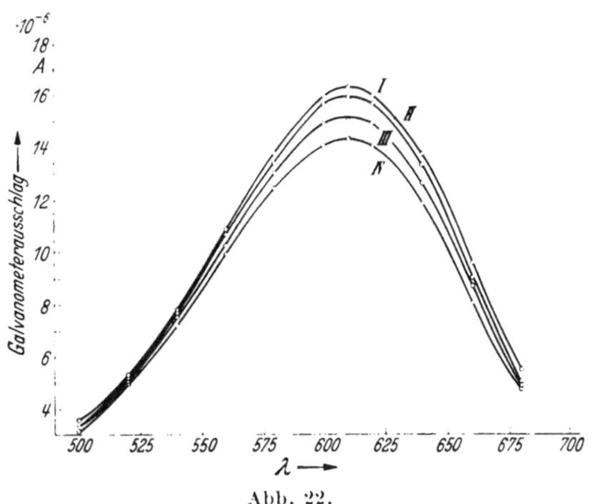

Abb. 22.

pazität, so daß die Stromstärke meist konstant bleibt. Das Licht passiert einen Kondensor, dann das Filter mit dem erwähnten Schwerpunkt bei 610 $\mu\mu$ und fällt schließlich durch einen regulierbaren Spalt auf die Cuvette. Die Veränderungen der Absorption des Lichtes, wie sie durch Wechsel der Farbintensität bei den verschiedenen Cholesterinkonzentrationen zustande kommen, werden dann mit Hilfe der Photozelle registriert. Als objektives Meßinstrument dient ein empfindliches Spiegelgalvanometer. Jeder subjektive Faktor ist ausgeschaltet.

Eine weitere Frage war, ob sich die geringen Konzentrationsunterschiede von 1—2 γ Cholesterin überhaupt erfassen lassen würden; denn das war erforderlich, wenn man durch die Methode besondere Vorteile gegenüber der bisherigen quantitativen Schätzung erzielen wollte.

Aus der von uns aufgestellten folgenden Eichtabelle für die lichtelektrische Cholesterinbestimmung geht eindeutig hervor, daß Differenzen von einem Gamma (ein Millionstel Gramm) Cholesterin einwandfrei nachgewiesen werden konnten.

Bei einer Cholesterinmenge von 3 γ betrug z. B. der Galvanometerausschlag 0,415, bei 4 γ 0,550.

a

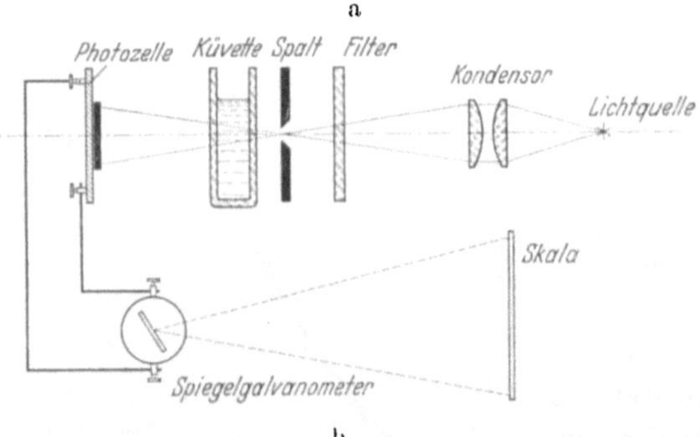

b

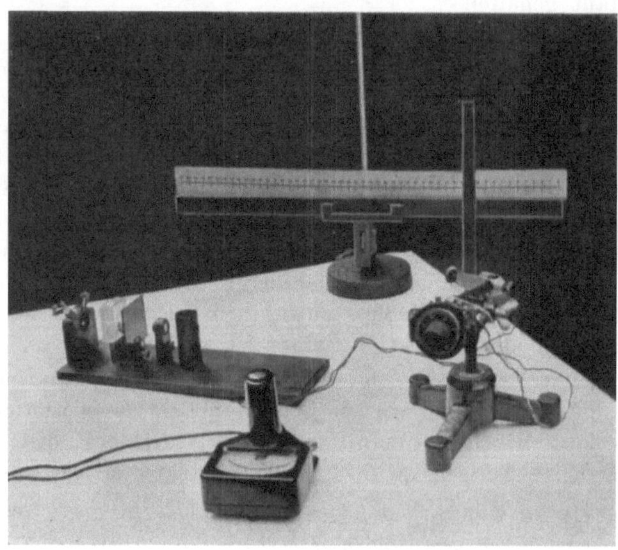

c

Abb. 23a—c.

Die endgültige Eichkurve wurde noch genauer festgelegt (s. Abb. 24),
und zwar sind eine ganze Reihe von Zwischenwerten eingefügt worden.

In dem Meßbereich von 0,2—0,6 mg-% Cholesterin betragen die Differenzen zwischen den einzelnen Kurvenpunkten auf der Ordinate 0,5 γ. Die sehr hohe Empfindlichkeit der Meßmethode kann nicht besser demonstriert werden als dadurch, daß sogar Unterschiede von der Hälfte eines Millionstel Grammes Cholesterin zu erfassen waren. Die Eichkurve ist mehrfach von uns durchgemessen worden, da auf ihr letzten Endes das Verfahren basiert. Wir erhielten bei Anwendung verschiedener Versuchsanordnungen und Meßinstrumente immer wieder Kurven. die bei entsprechender Umrechnung völlig zur Deckung kamen.

Tabelle 9. Eichtabelle für lichtelektrische Cholesterinbestimmung.

Lösung in mg-%	Absolute Menge in γ	Galvanometerausschlag
0,2	2,0	0,375
2,3	3,0	0,415
0,4	4,0	0,550
0,6	6,0	0,700
Zwischenwerte siehe Eichkurve		
2,4	24	1,800
3,0	30	2,325
3,6	36	2,625
4,0	40	2,975

Auch waren die verschiedenen Wendepunkte, wie sie z. B. bei 4 γ liegen, immer wieder vorhanden. *Es handelt sich somit nicht um irgendwelche Meßfehler, sondern um eine Eigentümlichkeit, die in der Lichtabsorption der untersuchten Cholesterinlösungen begründet liegt.* Die Kenntnis dieser Verhältnisse war für die Ausarbeitung des Verfahrens sehr wesentlich.

Die Cholesterinbestimmung geht praktisch so vor sich, daß der Liquor, 1 ccm für jede Bestimmung, in Zentrifugenröhrchen im Exsiccator getrocknet wird. Das Cholesterin wird dann mit einem Alkoholchloroformgemisch extrahiert; die Rückstände dieses Extraktes

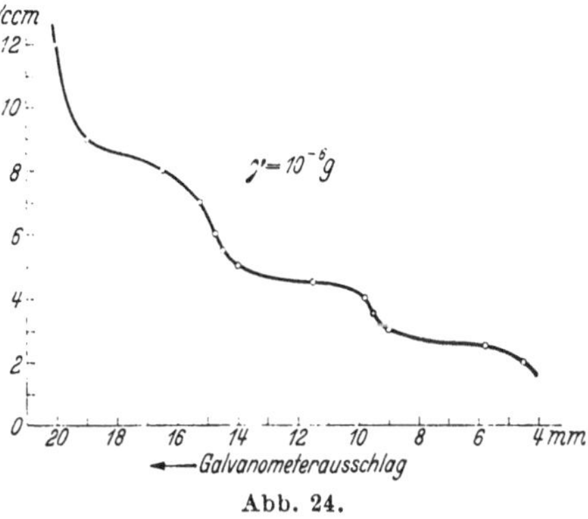

Abb. 24.

werden mit reinem Chloroform nochmals aufgenommen, so daß man mit diesem Chloroformextrakt die *Liebermann-Burkhard*-Reaktion anstellen kann. Der Ausfall dieser Reaktion wird mit Hilfe der Photozelle lichtelektrisch registriert. An Hand der beschriebenen Eichkurve lassen sich die aus dem Liquor extrahierten Cholesterinmengen ohne weiteres ermitteln, da die Größe jedes Galvanometerausschlages einer bestimmten Cholesterinkonzentration entspricht.

Die Photozelle ist erheblich empfindlicher als das menschliche Auge, so daß wir im Gegensatz zu Plaut und Rudy unsere Extrakte vor Anstellen der Liebermann-Burkhardschen Reaktion nicht erst auf den vierten Teil einzuengen brauchten. Deutlich sichtbare Farbunterschiede, die mit bloßem

Roeder. 4

Auge schon zu erkennen sind, werden allerdings bei den gewöhnlich im Liquor vorkommenden Cholesterinkonzentrationen erst nach Einengen der Extrakte erreicht. Bei dem hochempfindlichen lichtelektrischen Verfahren ist dieses nicht mehr nötig.

Eine weitere Tabelle bringt eine Gegenüberstellung mit einigen Werten, die nach der Methode von *Plaut* und *Rudy* gefunden wurden. Man sieht, daß die nach beiden Methoden ermittelten Werte keine wesentlichen Abweichungen voneinander aufweisen. Besonders für die Festlegung des Normalwertes des Liquorcholesterins ist dieses von besonderer Bedeutung.

Tabelle 10.

Vergleich einiger nach der *Plaut*schen Methode ermittelten Werte mit lichtelektrischen Registrierungen des Liquorcholesterins.

Diagnose	Quantitative Schätzung nach *Plaut* in mg-%	Lichtelektrische Bestimmung in mg-%	Galvanometerausschlag
Tumor cerebri . . .	0,3	0,33	0,450
Neurol. o. B. . . .	0,2	0,2	0,350
Spongioblastom . .	3,5	4,0	2,975
Tumorverdacht . .	0,5	0,4	0,500
Mittelwert von 12 normalen Liquores:	0,2—0,25	0,25	

Wir kamen auch zu dem Resultat, daß, jedenfalls bei der Art der Aufarbeitung des Materials, wie wir sie durchführen, *das Cholesterin 0,3 mg-% nicht überschreiten sollte.* Die Kontrolle des von *Plaut* angegebenen Verfahrens der quantitativen Schätzung mit einer äußerst subtilen physikalischen Methode zeigt, daß jenes erfreulicherweise nicht allzu große Abweichungen gegenüber der exakten physikalischen Messung aufweist. Es liefert sicher Werte, wie sie für klinische Zwecke brauchbar sind.

Der besondere Vorteil unserer Methode besteht aber darin, daß es sich um eine vollkommen objektive Art der Ablesung handelt.

Ferner fällt vor jeder Analyse die Herstellung von Vergleichslösungen fort, sobald eine sorgfältig aufgenommene Eichkurve (Abb. 24) vorliegt. Wir empfehlen jedoch, vor jeder Meßreihe wenigstens eine Kontrollbestimmung mit Hilfe einer bekannten Cholesterinlösung auszuführen, um irgendwelche Fehlerquellen, die sich bei der sehr empfindlichen Meßmethode einschleichen könnten, auszuschalten.

Trotz aller Bedenken, die man gegenüber den colorimetrischen Bestimmungen des Cholesterins haben mag — es wird z. B. geltend gemacht, daß die Farbreaktionen nicht für das Cholesterin allein charakteristisch seien — sind sie zur Zeit die einzigen Methoden, die gangbar sind. Die hohe Empfindlichkeit der Farbreaktion gestattet im Gegensatz zu allen anderen Methoden, das Cholesterin mit einer für klinische Zwecke ausreichenden Sicherheit zu erfassen. *Es muß besonders hervorgehoben werden, daß es zur Zeit gar keine anderen Methoden zur Bestimmung des Liquor-*

cholesterins gibt als die colorimetrischen, denen wir durch Einführung der lichtelektrischen Registrierung der Farbintensitäten eine objektive Grundlage geben konnten.

C. Eine neue „radiometrische" Methode zur Prüfung der Liquorbewegung und der Liquorresorption.

Während sich die bisherigen Methoden mit der Erfassung der Zusammensetzung des Liquors und dem Erkennen seiner pathologischen Veränderungen befaßten, wurde von uns ein weiteres physikalisches Verfahren zur Prüfung der Liquorpassage und der Liquorresorption ausgearbeitet. Die eigentliche Bedeutung der Passageproben läßt sich am besten an Hand von klinischen Fällen und im Zusammenhang mit encephalographischen Befunden demonstrieren. Nicht so selten erhält man nach lumbaler Luftzufuhr keine Füllung der Ventrikel, so daß man an das Vorliegen eines Abschlusses denken muß. Wird aber dann eine entsprechende Testsubstanz in den Ventrikel eingeführt, so kann sie trotzdem im Lumballiquor erscheinen. Von *Foerster* ist in diesen Fällen von einem relativen Ventrikelabschluß gesprochen worden; im Gegensatz zu diesem handelt es sich um einen absoluten Verschluß, wenn das chemische Agens nicht durchtritt.

Durch die Kombination von Encephalographie mit Liquorpassage- und Resorptionsprüfungen lassen sich wichtige diagnostische Aufschlüsse sichern. *Schwab* schreibt: „Zeigt das encephalographische Bild bei lumbaler Luftzufuhr einen Hydrocephalus internus, so ist damit ein Hydrocephalus occlusus ausgeschlossen. Erweist sich in einem solchen Falle mittels der Jod-Urinausscheidungsprüfung, daß eine normale Ausscheidung im Urin vorliegt, so können wir einen Hydrocephalus hypersecretorius als vorliegend annehmen."

Auch in solchen Fällen, in denen sich bei hirnatrophischen Prozessen Liquoransammlungen ex vacuo gebildet hatten, oder bei Meningitis serosa und Hydrocephalus externus ließ sich durch den Ausfall der Jodresorptionsprüfung entscheiden, ob die Ursache der Liquorvermehrung an der Oberfläche des Hirns auf Hypersekretion oder Resorptionsstörungen beruhe. *Schwab* beschrieb ferner im Zusammenhang mit dem encephalographischen Befund eine Reihe sehr eindrucksvoller Krankheitsbilder, z. B. Fälle von Arachnitis posttraumatica mit Versagen der den Liquor resorbierenden Organe; hier deckte erst die Jodresorptionsprobe den patho-physiologischen Mechanismus auf; während die klinische Untersuchung keine sicheren neurologischen Ausfallserscheinungen hatte nachweisen können.

Diese Passage- und Resorptionsproben stellen also Methoden dar, die in Zusammenhang mit dem encephalographischen Befund zur Klärung einer Reihe unklarer Krankheitsbilder führen. Unseres Erachtens werden sie gerade zur *Erkennung beginnender hydrocephalischer Störungen* weitgehend Anhaltspunkte geben, zumal derartige Krankheitsbilder nicht unbedingt an das Auftreten eines röntgenologisch nachweisbaren Hydrocephalus gebunden sind. Denn erst wenn ausgesprochene Veränderungen der Liquorsekretion, des Abflusses des Liquors und der Resorption bestehen, führen sie zu einem anatomisch nachweisbaren Substrat, eben der Erweiterung des Ventrikelsystems. Von *Schaltenbrand* und *Tönnies* ist neuerdings eine scharfe Unterscheidung zwischen dem anatomischen Tatbestand des Hydrocephalus und der sog. hydrocephalen Störung gemacht worden. Hieraus geht hervor, wie wertvoll eine empfindliche Methode ist, mit der man Störungen der Liquorpassage und -resorption leicht erfassen kann. Von amerikanischer Seite war früher für derartige Proben Phenolsulphonphthalein verwandt worden. Man injizierte 6 mg in genau neutralisierter Lösung in den Subarachnoidealraum des Duralsackes oder in die Ventrikel. Entweder war dann nach lumbaler Injektion im Ventrikel, im umgekehrten Fall im Lumbalsack nach etwa 10 Min. der erwähnte Stoff nachzuweisen. Da es jedoch gewisse Schwierigkeiten machte, das p_H exakt auszutitrieren, wurde von *Foerster* 10%ige Jod-Natriumlösung verwandt.

Auch zur Erkennung von Störungen der Liquorresorption bediente man sich desselben Stoffes. Nach Einführung des Jods in die Liquorräume (Lumbalsack oder Ventrikel) war dieses eine halbe Stunde später im Urin zu finden. Mit der Jodmethode hat *Foerster* den Mechanismus aufdecken können, der beim Hydrocephalus aresorptivus vorliegt. Es waren Fälle, in denen sich die stark erweiterten Ventrikel bei lumbaler Encephalographie gut füllten. Ein Abschluß lag also nicht vor. Es zeigte sich aber, daß das in die Ventrikel eingeführte Jod nicht in den Urin überging. *Foerster* nahm ein völliges Versagen der liquorresorbierenden Organe an, als welche zur Hauptsache die *Pacchioni*schen Granulationen in Betracht kommen, und zog daraus sehr wesentliche therapeutische Folgerungen. Denn der bei Hydrocephalus allgemein empfohlene Balkenstich wäre sinnlos gewesen. *Foerster* begründet das damit: „Durch den Balkenstich wird nichts anderes geschaffen als eine Kommunikation zwischen dem Ventrikelinnern und dem Subarachnoidealraum. Der Balkenstich ist nur indiziert, wenn die normale Kommunikation zwischen dem Inneren der Seitenventrikel, welche durch den dritten Ventrikel, den Aquädukt, den 4. Ventrikel, das Foramen Magendi und die Foramina Luschkae gebildet wird, an irgendeiner Stelle unterbrochen ist. Die einzige rationelle Behandlungsmethode gegenüber den Fällen von Hydrocephalus infolge von Atresie der liquorresorbierenden Organe besteht in der Schaffung eines Resorptionskanals. Am einfachsten hat sich mir hierfür die Einführung einer Vene der Kopfhaut in den extraventrikulären Subarachnoidealraum über der Hirnkonvexität erwiesen." *Foerster* konnte in mehreren Fällen von Hydrocephalus aresorptivus wenige Tage nach Ausführung der erwähnten Operation nachweisen, daß das intraventrikulär eingeführte Jod bereits nach einer halben Stunde im Urin erschien, ein Beweis, daß die implantierte Vene Liquor resorbierte.

Nun fragt sich, warum die beschriebenen Methoden zur Erfassung von Sekretions- und Resorptionsstörungen des Liquors, die fraglos eine ganze Reihe von bisher völlig unklaren funktionellen Störungen aufgedeckt haben, nicht in ausgesprochenerem Maße Eingang in die neurologische Diagnostik fanden. Anscheinend bestanden eine Reihe von theoretischen Bedenken.

Die Resorptionsmethode von *Foerster* stellt in gewisser Weise eine Permeabilitätsprüfung dar. Sie ist allerdings eine Umkehrung des üblichen Prinzips, da sie statt des Überganges der Testsubstanz aus dem Blut in den Liquor den umgekehrten Weg Liquor — Blut — Urin prüft. *Von Walter sind verschiedene Faktoren erwähnt worden, die erkennen lassen, wie sehr das Resultat der Resorptionsprüfung mit Jod-Natrium von einer Reihe von Dingen abhängt, die mit dem Stoffaustausch in der Richtung Liquor—Blut an und für sich nichts zu tun haben, aber zu erheblichen Fehlerquellen werden können.* Er führte aus, daß der Liquor sicher mehrere Ausflüsse habe und erwähnt einmal den Ausfluß durch die *Pacchioni*schen Granulationen, ferner die Diffusion durch die Liquor-Blutschranke. *Walter* gibt zu, daß eine Verzögerung der Jodausscheidung im Urin durch eine Hemmung des Überganges des Teststoffes aus dem Liquor in das Blut hinein bedingt sein könne. *Die Hauptfehlerquelle der Jodmethode bestände aber darin, daß ein weiteres Hemmungsmoment in dem Zwischenstück liege, das sich zwischen Blut und Urin befinde (Nierenschwelle, Jodspeicherung des Organismus).* Es wurde ferner auf die außerordentliche Schwankungsbreite hinsichtlich der Speicherungsfähigkeit für per os oder intravenös zugeführte Substanzen hingewiesen. Das gelte auch für endolumbale oder intraventriculäre Applikation. *Walter* wirft ebenfalls ein, daß auch *Nippert* eindeutig gezeigt habe, wie verschieden das per os eingenommene Jod gespeichert bzw. ausgeschieden würde. *Hoff* und *Stransky* hatten bereits auf eine Verzögerung der Jodausscheidung bei Melancholischen und Luetikern hingewiesen. *Nippert* fand Ähnliches bei Epilepsie und Schizophrenie. Er kam zu dem bemerkenswerten Ergebnis, daß die sog. *Optimaldosis*, d. h. diejenige Jodmenge, die noch gerade im Körper festgehalten wird, sehr wechselte; und außerdem, daß die verschiedenartigsten Erkrankungen eine Steigerung der Optimaldosis um das 10—25fache bringen konnten. Je eingreifender und akuter eine Infektion war, desto höher lag die Optimaldosis. Auch ein operativer Eingriff bedingte ein Ansteigen.

Somit ist erwiesen, daß Prozesse, die mit dem Blut-Liquoraustausch überhaupt nichts zu tun haben, Verhältnisse vortäuschen können, wie sie bei wirklichen Resorptionsstörungen des Liquors vorliegen. Von *Walter* ist besonders der Einwand gemacht worden, daß die von *Foerster* angegebene Joddosis (0,02 g Jodnatrium) nur wenig über der durchschnittlichen

Optimaldosis von *Nippert* läge. Man wäre also kaum in der Lage, eine Verzögerung der Jodausscheidung mit Sicherheit auf Störungen der Liquorresorption beziehen zu können.

Nun besteht meines Erachtens ein derartig sinnfälliger Zusammenhang zwischen den von *Foerster* und *Schwab* veröffentlichten klinischen Befunden, den encephalographischen Bildern und den Ausfällen der Resorptions- und Passageprüfungen, daß die nachgewiesenen Störungen der Liquorresorption sicherlich nicht durch Faktoren vorgetäuscht wurden, die außerhalb des Stoffaustausches zwischen Blut und Liquor lagen. Andererseits kann man nicht leugnen, daß die Einwände von *Walter* mindestens im Prinzip zu Recht bestehen. Man wird jedenfalls bei irgendwelchen interkurrenten Erkrankungen den negativen Ausfall eines Jodnachweises im Urin sehr vorsichtig beurteilen müssen und nicht ohne weiteres auf Störungen der Liquorresorption beziehen dürfen. *Foerster* selbst hat bereits Fälle von Nieren- und Herzerkrankungen eliminiert.

Wollte man ein verbessertes Verfahren zur Prüfung funktioneller Vorgänge im Bereich des Liquorsystems einführen, so mußte dieses mehrere Bedingungen erfüllen. Es durfte keineswegs den Hauptfehler der Jodmethode besitzen, d. h. die Abhängigkeit vom Speicherungsvermögen des Organismus und der Nierenschwelle. Damit war erforderlich, daß die Testsubstanz bereits nach ihrem Übergang aus dem Liquorraum im Blut und nicht erst im Urin nachgewiesen wurde. Auch mußte das Verfahren. da es sich für klinische Zwecke eignen sollte, nicht zu umständlich sein.

Die radioaktive Substanz Thorium B schien uns besonders geeignet, denn sie ist mit Hilfe eines einfachen Elektrometers leicht nachzuweisen. Man arbeitet mit einer einfachen physikalischen Methode, die gestattet, wenige Minuten nach der Entnahme von Blut oder Liquor zu entscheiden, welche Mengen der Testsubstanz in der entnommenen Körperflüssigkeit vorhanden sind. Unsere Versuche zeigten sehr bald, daß diese „radiometrische" Methode sich bewährte.

Der empfindliche Nachweis des Radioelementes ermöglichte kleine Entnahmen; $^1/_2$—1 ccm Liquor, 10 ccm Blut reichten zur Bestimmung völlig aus. Die auf ihre Strahlungsintensität zu untersuchende Körperflüssigkeit wurde auf Uhrschälchen (Wasserbad) getrocknet. Dann wurde die Ablaufszeit [1] über einen bestimmten Abschnitt der Elektrometerskala mit Hilfe einer Stoppuhr festgelegt. Das benutzte Einfadenelektrometer mit Ionisationskammer und -gestell wird in Abb. 25, ferner in der folgenden Skizze (Abb. 26) veranschaulicht. Es ist durch einen Rahmen R

---

[1] Die durch die radioaktive Strahlung hervorgerufene Ionisierung der sich in der Elektrometerkammer befindlichen Luftmenge führt zu einer Entladung des Elektrometers. Diese Entladung äußerst sich in einem Ablauf des Elektrometerfadens. Die Ablaufszeit desselben über einen bestimmten Abschnitt der Skala ist von der Intensität der Strahlung und damit von der vorhandenen Thorium B-Menge abhängig.

an der Ionisationskammer I befestigt und durch eine Hartgummiplatte H dagegen isoliert. In dem Gehäuse G sind 2 Schutzwiderstände W eingebaut, die ein Durchbrennen des Elektrometerfadens F verhindern, falls dieser die Schneiden Sch berührt. Das Gehäuse G des Elektrometers wird durch eine Klemmschraube K geerdet. Der Faden F ist ein Wollastonfaden, der durch einen Quarzbügel Q gespannt werden kann; diese Spannung wird zur Regelung der Empfindlichkeit mit der Schraube S verändert. Der Faden ist unten durch Bernstein B gegen das Gehäuse isoliert und mit der in die Kammer hineinragenden Elektrode leitend verbunden. Ein Drahtauslöser

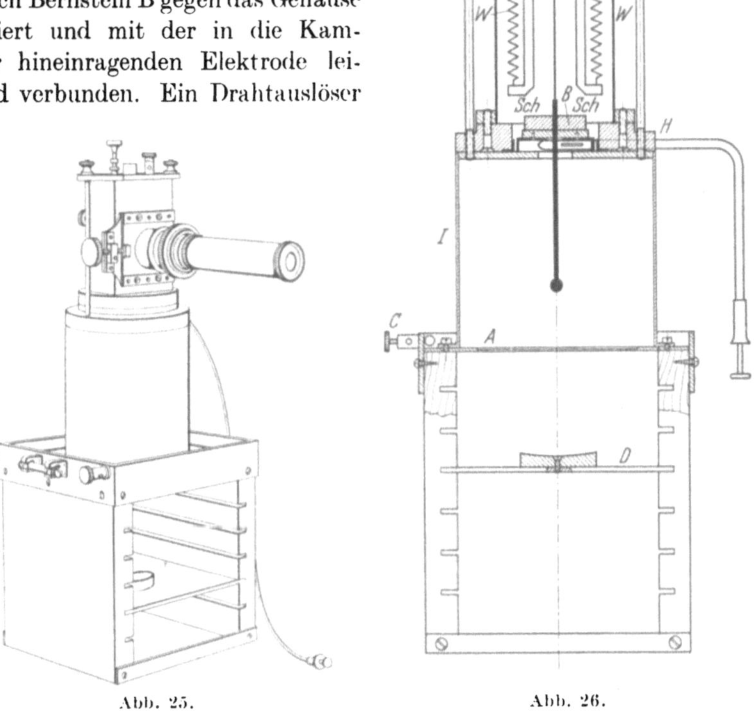

Abb. 25.   Abb. 26.

ermöglicht die Erdung des Fadens. Die aus Messing bestehende Ionisationskammer I ist nach unten, gegen das Gestell hin, durch eine Aluminiumfolie A von 0,1 mm Stärke geschlossen. In die Schlitze des Gestells läßt sich ein Blech D einschieben, das die zu untersuchenden Uhrschälchen mit eingedampften Körperflüssigkeiten trägt.

Sollen Messungen vorgenommen werden, so regelt man zunächst die Empfindlichkeit des Elektrometers durch Anlegen von Hilfsspannungen an die Schneiden Sch. Die Aufladung der Schneiden ($\pm$ 60 Volt) erfolgt durch zwei an der Rückseite des Instrumentes angebrachte Klemmen. Die Beobachtung geschieht durch ein mit Okularmikrometer versehenes

Mikroskop. Die Empfindlichkeit läßt sich etwa bis auf 0,02 Volt pro Skalenteil steigern. Empfindlichkeit des Instrumentes und Abstand des Präparates von der Ionisationskammer werden so geregelt, daß man gut meßbare Ablaufszeiten bekommt.

Das als Testsubstanz Verwendung findende Thorium B wird dem sog. Thornator entnommen, einem kleinen radioaktive Substanzen enthaltenden Metallgefäß, das von der Auer-Gesellschaft geliefert wird. Im Boden des Gefäßes befinden sich die radioaktiven Substanzen; über sie ist ein kleines Drahtnetz gezogen, auf dem feine Tierkohle aufgeschichtet wird. Das freiwerdende Thorium B fängt sich in der Kohleschicht, die zu Beginn des Versuches in ein kleines Becherglas ausgeschüttet wird. Durch Kochen mit n/10 normaler Salzsäure läßt sich das Thorium B von der Kohle ablösen. Dann wird mit n/10 normaler Natronlauge neutralisiert.

Die gebrauchsfertige radioaktive Lösung erhält man folgendermaßen: Nach Verdünnen mit Aqua dest. wird durch Kochen sterilisiert, auf etwa 2 ccm eingeengt und anschließend mit ein Drittel Normosallösung oder ein Drittel physiologischer Kochsalzlösung auf 5—10 ccm aufgefüllt. Wir begannen mit Resorptionsversuchen aus den Liquorräumen und machten die ersten Versuche an Kaninchen. Aus dem kurzen Versuchsprotokoll 1 ist zu entnehmen, daß wir die radioaktive Substanz, in physiologischer Kochsalzlösung suspendiert, zisternal injizierten.

I. 2100 g schweres Kaninchen. Aktivität in n/10 HCl abgelöst, neutralisiert. Auf 5,0 ccm aufgefüllt mit physiologischer steriler Kochsalzlösung.

Tabelle 11.

Zeit nach suboccipitaler Injektion von Thorium B	Aktivität des Blutes in 1 ccm	Dunkeleffekt[1]
10 Min.	10 Teilstriche in 3 Min. 36 Sek.	4 Teilstriche
60 Min.	10,8 Teilstriche in 3 Min. 36 Sek.	3,3 „
24 Std.	10 Teilstriche in 2 Min. 14 Sek.	2,1 „
48 Std.	10 Teilstriche in 7 Min. 27 Sek.	4,2 „

0,5 ccm dieser Lösung wurden auf Uhrschälchen eingedampft, dann elektrometrisch untersucht; sie ergaben einen Ablauf von 40 Teilstrichen in 2 Sek. Suboccipitalpunktion, Entleerung von 0,5 ccm klaren Liquors. Zisternale Injektion von 0,3 ccm der aktivierten Lösung.

Es mußte besonders darauf gesehen werden, daß der Liquor bei der Punktion völlig klar blieb, so daß Sicherheit bestand, daß keine Gefäßverletzung und damit eine Eröffnung der Blutbahn in die Liquorräume hinein eingetreten war. Man sieht bereits, daß 10 Min. nach der suboccipitalen Injektion Thorium B im Blut nachweisbar

---

[1] Unter Dunkeleffekt versteht man die Entladung des Elektrometers, welche ohne das Vorhandensein einer radioaktiven Strahlung durch die sowieso vorhandene geringe Ionisation der Luft und Isolationsfehler zustande kommt. Sie ist an und für sich sehr gering, muß aber als Fehlerquelle immer berücksichtigt werden.

war (Tab. 11). Die Konzentration der Testsubstanz steigt dann im Laufe der nächsten Stunden immer mehr an. Der höchste Wert wurde nach 24 Stunden erreicht. Noch nach 48 Stunden konnte die radioaktive Substanz im Blut nachgewiesen werden, allerdings in erheblich kleineren Mengen. Hier muß man bedenken, daß sich die Halbwertszeit bereits erheblich auswirkt. Es handelt sich also um einen relativ langsam erfolgenden Resorptionsvorgang, der sich in seinen einzelnen Phasen gut verfolgen läßt.

Aus dem nächsten Versuch geht ebenfalls hervor, daß radioaktive Substanzen aus dem Liquorraum relativ langsam resorbiert werden.

II. 2500 g schweres Kaninchen. Aktivität in n/10 HCl abgelöst und neutralisiert. Mit Normosal auf 5 ccm aufgefüllt. Suboccipitale Injektion von 0,4 ccm aktivierter Normosallösung (0,5 ccm dieser Lösung hatten, elektrometrisch untersucht, eine Ablaufszeit von 45 Teilstrichen in 2,5 Sek.). 3 Stunden nach der zisternalen Injektion der radioaktiven Substanz wurde erneut suboccipital punktiert und 1 ccm klaren Liquors gewonnen, der eingedampft wurde. Bei der elektrometrischen Untersuchung betrug die Ablaufszeit 50 Teilstriche in 25,5 Sek.

Daraus geht hervor, daß noch mehrere Stunden nach der suboccipitalen Injektion beträchtliche Mengen an Testsubstanz im zisternalen Liquor vorhanden waren. Dieses zeigte bereits auch der erste Versuch (Protokoll 1), denn wir konnten radioaktive Substanz 48 Stunden nach Einbringen derselben in die Liquorräume noch im Blut finden. Da nach den bisherigen Erfahrungen, insbesondere denen von *Kropatschek*, das Thorium B sehr rasch aus dem Blut verschwindet und durch die Nieren ausgeschieden wird, muß das Liquorsystem relativ lange die Testsubstanz zurückgehalten haben. Die Passage durch die Blut-Liquorschranke hält also wenigstens 48 Stunden nach der Einbringung des Thorium B in die Zisterne an. Wir haben dieselben Versuche auch beim Menschen wiederholt und in den Protokollen III und IV niedergelegt.

III. 50jähriger Paralytiker. Zisternale Injektion von 10 ccm aktivierter Normosallösung (0,1 ccm der aktivierten Lösung hatten eine Ablaufszeit von 10 Teilstrichen in 1 Min. 23 Sek.).

1. Passageprüfung. Nach 10 Min. Lumbalpunktion. In 2 ccm Liquor war bereits Aktivität nachweisbar: Ablaufszeit 9 Teilstriche in 21 Min. Dunkeleffekt = Leerwert = 3,5 Teilstriche.

2. Resorptionsprüfung. Der Gesamturin, der in den ersten $2^1/_2$ Stunden nach der Einführung des Thorium B in die Zisterne gewonnen war, wurde in einem Veraschungskolben eingeengt, dann auf Uhrschälchen getrocknet.

Aktivität des Gesamturins der ersten $2^1/_2$ Stunden: $\dfrac{10 \text{ Teilstriche}}{3 \text{ Min. } 47 \text{ Sek.}}$

Dunkeleffekt: 1,5 Teilstriche.

Ergebnis: Im Urin, der $2^1/_2$ Stunden nach Injektion der radioaktiven Substanz in die Zisterne entleert wurde, befanden sich sicher nachweisbare

Mengen des Teststoffes. Im Blut (Tab. 12) waren schon Spuren von Radioaktivität nach 10 Min. vorhanden, nach 1 Stunde bereits größere Mengen von Thorium B. Etwa 2 Stunden später trat ein Gleichgewicht ein zwischen Resorption aus dem Liquorraum und Ausscheidung aus dem Blut, so daß eine konstante Konzentrationshöhe der Aktivität des Blutes wenigstens für weitere 6 Stunden bestehen blieb.

Tabelle 12.

Zeit nach zisternaler Injektion von Thorium B	Blut-menge in ccm	Aktivität des Blutes	Dunkeleffekt
10 Min.	20	3 Teilstriche 12 Min.	1,8 Teilstriche
30 Min.	30	4,9 Teilstriche 12 Min.	1,8 ,,
1 Std.	30	6,5 Teilstriche 12 Min. 26 Sek.	1,8 ,,
2 Std.	30	7,3 Teilstriche 12 Min.	1,8 ,,
4 Std.	30	7,5 Teilstriche 12 Min.	1,5 ,,
6 Std.	30	7,2 Teilstriche 12 Min.	1,5 ,,
8 Std.	30	7,8 Teilstriche 12 Min.	1,5 ,,

IV. Fall von Meningitis tuberculosa. 10 jähriger Junge, der das typische klinische Bild bot und auch entsprechenden Liquorbefund hatte.

1. Passageprüfung. Gesamtaktivität in 10 ccm Normosal aufgenommen. Zisternale Injektion von 5 ccm der aktivierten Lösung. Nach 10 Min. Lumbalpunktion. Der entnommene Lumballiquor (4 ccm) wurde auf einem Uhrschälchen eingedampft und elektrometrisch untersucht:

$$\text{Ablaufszeit} = \frac{50 \text{ Teilstriche}}{6,5 \text{ Sek.}}, \quad \text{Dunkeleffekt} = \frac{7 \text{ Teilstriche}}{10 \text{ Min.}}.$$

Ergebnis: Es ist offensichtlich, daß 10 Min. nach erfolgter zisternaler Einführung der aktivierten Lösung — die Passageprüfung erfolgte in liegender Haltung — größere Mengen der radioaktiven Substanzen in den Lumballiquor gelangt waren. Bei der Empfindlichkeit der Methode hätte 0,1 ccm Liquor zum Nachweis genügt.

2. Resorptionsprüfung. Das Blut wurde aus der Cubitalis entnommen und ebenfalls auf dem Wasserbad im Uhrschälchen getrocknet.

Ergebnis: 10 Min. nach suboccipitaler Einführung der radioaktiven Substanz in die Liquorräume trat ein Übergang der Testsubstanz in das Blut ein. Nach 1 Stunde ließen sich größere Mengen des Thorium B im Blut nachweisen (Tab. 13).

Das Resultat dieser Versuche war praktisch ein gleiches wie bei den anfangs erwähnten Tierexperimenten. Bereits wenige Minuten nach erfolgter zisternaler Injektion der radioaktiven Substanz ließ sich die beginnende Resorption durch das Blut nachweisen. Nach 1 Stunde waren größere Thorium B-Mengen im Blut vorhanden. Dann blieb meist die Konzentration der radioaktiven Substanz im Blut über viele Stunden konstant, so daß man annehmen kann, daß ein Gleichgewicht zwischen der Resorption aus den Liquorräumen und der Ausscheidung durch die Nieren eingesetzt hatte.

Während der ersten 3 Stunden nach Injektion des Thorium B in die Zisterne beginnt eine starke Ausscheidung der Testsubstanz durch die Nieren, so daß ganz erhebliche Konzentrationen des Stoffes im Gesamturin der ersten 3 Stunden auftreten. Die Resorption des Thorium B aus den Liquorräumen läßt sich also sehr leicht verfolgen. Man muß sich darüber im klaren sein, daß hierbei eine Leistung des gesamten liquorresorbierenden Systems vorliegt; denn bei freier Passagemöglichkeit von der Zisterne, sowohl in Richtung des Lumbalsackes als auch in Richtung der Ventrikel, gelangt der radioaktive Stoff bereits innerhalb der ersten 10 Min. in sämtliche liquorführenden Räume hinein.

Wie steht es nun mit dem Weg Blut—Liquor? Aus den beiden nächsten Protokollen V und VI — es handelt sich wiederum um Versuche, die an einer ganzen Reihe von Kaninchen gemacht wurden — bringen wir das Charakteristische.

V. Versuch über den Übergang von frei in die Blutbahn injizierter radioaktiver Substanz in den Liquor: 3500 g schweres Kaninchen. Die radioaktive Substanz wurde nach Ablösen von der Thornatorkohle mit n/10 H_2SO_4 und Neutralisieren in physiologischer Kochsalzlösung aufgenommen, dann in die Ohrvenen injiziert.

Ergebnis: Nach intravenöser Injektion von radioaktiver Substanz waren im Zisternenliquor nicht die geringsten Spuren von Aktivität nachweisbar, auch nicht bei erneuter Kontrolle 2 Stunden nach der Injektion (Tab. 14).

VI. Versuch über den Übergang von an Serum-Eiweiß gebundenem Thorium B aus der Blutbahn in den Liquor: 3200 g schweres Kaninchen. Die radioaktive Substanz wurde mit n/10 HCl abgelöst, neutralisiert.

Tabelle 13.

Zeit nach zisternaler Injektion von Thorium B	Blutmenge in ccm	Aktivität des Blutes	Dunkeleffekt
10 Min.	5	8,2 Teilstriche 10 Min.	7,0 Teilstriche 10 Min.
60 Min.	30	32,5 Teilstriche 10 Min.	7,0 ..
7 Std.	40	55 Teilstriche 10 Min.	7,5 ..

Tabelle 14.

Zeit nach intravenöser Injektion des Thorium B	Aktivität des Liquors	Dunkeleffekt
15 Min.	$\frac{1}{2}$ ccm klaren Liquors 3,5 Teilstriche 10 Min.	3,5 Teilstriche 10 Min.
2 Std.	$\frac{1}{2}$ ccm Liquor (klar) 3,0 Teilstriche 10 Min.	3,0 Teilstriche 10 Min.

Dann mit 5 ccm Pferdeserum energisch durchgeschüttelt. Das mit radioaktiver Substanz infizierte Serum ließ man mehrere Stunden stehen, da dann eine stärkere Absorption des Thorium B an die Serum-Eiweißkörper erfolgt. Intravenöse Injektion des aktivierten Serums.

Ergebnis: An Serum-Eiweiß gebundene radioaktive Substanz ließ sich nach intravenöser Injektion bis zu einer Zeit von 4 Stunden nicht im Liquor nachweisen (Tab. 15).

Es zeigte sich somit, daß die frei gelöste Aktivität (die Testsubstanz Thorium B) bei

Tabelle 15.

Zeit nach intravenöser Injektion des Thorium B	Aktivität des Liquors	Dunkeleffekt
1 Std.	0,5 ccm klarer Liquor $\frac{2,7 \text{ Teilstriche}}{10 \text{ Min.}}$	$\frac{2,7 \text{ Teilstriche}}{10 \text{ Min.}}$
4 Std.	0,4 ccm klarer Liquor $\frac{2,9 \text{ Teilstriche}}{10 \text{ Min.}}$	$\frac{2,9 \text{ Teilstriche}}{10 \text{ Min.}}$

Injektion in die Blutbahn auch nicht in den geringsten Spuren im Liquor erscheint. Wir machten Kontrollversuche mit an Serum gebundenem Thorium B, das ebenfalls intravenös injiziert wurde. Diese Maßnahme hatte den Zweck, die Testsubstanz, die erfahrungsgemäß rasch aus dem Blut verschwindet und im Urin ausgeschieden wird, länger in der Blutbahn zu halten, so daß dadurch eine bessere Möglichkeit zum Übertreten in den Liquor gegeben war. Der zuletzt angeführte Versuch hat aber gezeigt, daß es auf diese Weise auch nicht gelingt, radioaktive Substanz vom Blut aus in die Liquorräume hineinzubringen.

Es war nun die Frage, welche Faktoren den Liquor von dem sich im Blut befindenden Thorium B freihalten. Wir dachten zuerst, daß eine besondere Funktion der Blut-Liquorschranke einsetze. Deshalb führten wir einen erneuten Versuch, dieses Mal beim Menschen, aus; und zwar in einem Falle, bei dem man mit einer abnorm gesteigerten Permeabilität bzw. einer völligen Aufhebung der Funktion der Schranke rechnen mußte. Bei einem desolaten Fall von tuberkulöser Meningitis injizierten wir 5 ccm aktivierten, d. h. mit Thorium B versetzten Pferdeserums intravenös und untersuchten dann den Liquor auf radioaktive Substanzen. Obgleich größere Liquormengen eingedampft wurden, um sie auf ihre Strahlungsintensität zu untersuchen, war in ihnen Thorium B nicht nachweisbar. Trotz langer Ablesungszeiten war kein Abfall des Elektrometers festzustellen, der über den Dunkeleffekt, d. h. den Leerwert, hinausging. Man kann also mit Sicherheit sagen, daß radioaktive Substanzen von der Blutbahn aus niemals in den Liquor hineingelangen, auch nicht bei extremen Permeabilitätssteigerungen.

Dieses erklärt sich hauptsächlich daraus, daß sehr bald nach Einführung der Testsubstanz in die Blutbahn *eine adsorptive Bindung des Thorium B an die Blutkörperchen* erfolgt, so daß fast die gesamte radioaktive Substanz den Zellen angelagert wird. In erwähntem Fall von

Meningitis tuberculosa konnte gezeigt werden, daß das Serum des Patienten kurz nach der Injektion keine radioaktive Substanz mehr aufwies, während das Gesamtblut noch ganz erhebliche Mengen enthielt. Von *Kropatschek* ist übrigens auch angegeben worden, daß nach Injektion von radioaktiver Substanz in die Blutbahn die Verteilung zwischen Blutkörperchen und Plasma so erfolge, daß 90% der Aktivität den Zellen angelagert ist.

Die Feststellung, daß das Thorium B aus der Blutbahn heraus überhaupt nicht in den Liquor gelangt oder jedenfalls nur in solch geringen Mengen, daß es sich dem elektrometrischen Nachweis entzieht, ist für die Anwendung dieser Testsubstanz bei Passageprüfungen innerhalb der Liquorräume (Ventrikel-Zisterne-Lumbalsack) von besonderer Bedeutung. Fände man z. B. nach endolumbaler oder zisternaler Applikation radioaktive Substanz im Ventrikelliquor wieder, so könnte es sich vielleicht gar nicht um eine Ausbreitung der Testsubstanz längs der Liquorwege bei freier Passage gehandelt haben. Die Substanz hätte ebensogut nach erfolgter Resorption aus dem Lumbalkanal wieder vom Plexus aus in den Ventrikelliquor hinein ausgeschieden sein können. Diese Bedenken fallen völlig weg, wenn man die Ergebnisse der eben erwähnten Versuche betrachtet.

Wir haben ferner einige Versuche mit Thorium B als Testsubstanz für eine „radiometrische Passageprüfung" unternommen, die im Zusammenhang mit den Resorptionsversuchen ausgeführt wurden, wie aus den Versuchsprotokollen III und IV entnommen werden kann. Wir konnten feststellen, daß man 10 Min. nach suboccipitaler Injektion die Substanz im Lumbalsack findet, und zwar genügt zum sicheren Nachweis 0,5 ccm Liquor.

Nun zur Schädigungsfrage. Bereits von *Kropatschek* ist festgestellt worden, daß bei Versuchstieren, denen Thorium B injiziert worden war, und die über ein halbes Jahr beobachtet wurden, keine Schädigungen auftraten. Wir haben unsere Versuchstiere längere Zeit überwacht und kamen zu dem gleichen Resultat.

Die von uns beim Menschen durchgeführten Versuche — es handelt sich allerdings um Untersuchungen an *desolaten Fällen* — verliefen glatt; es traten lediglich die Beschwerden auf, die nach endolumbalen Injektionen beobachtet werden. Es muß besonders betont werden, daß die angewandte Testsubstanz eine Halbwertzeit von 10 Stunden hat, d. h. daß nach dieser Zeit die Strahlungsintensität infolge des Verfalles der Substanz auf die Hälfte herabsinkt. Ein Beweis, daß die Einwirkung des Thorium B auf den Organismus nur kurze Zeit besteht.

Abschließend können wir über unsere Versuche mit Thorium B sagen, daß sie die *experimentelle* Grundlage für die Einführung einer „radiometrischen Methode" der Resorptions- und Passageprüfung bilden[1]. Die

---

[1] Wir müssen die Frage noch offen lassen, ob mit Rücksicht auf besondere biologische Auswirkungen der Thorium B-Injektionen die Methode klinisch generell eingesetzt werden darf. Unsere bisherigen Versuche beschränkten sich auf völlig desolate Fälle. In enger Zusammenarbeit mit dem Radiologen wird die genauere Dosierung der verwandten radioaktiven Substanz festzulegen sein. Vor allem muß die Schädigungsfrage sehr sorgfältig geprüft werden.

Methode ist im Gegensatz zu der Jodmethode *Foersters quantitativ*, da sich die Thorium B-Menge, die sich im Blut oder Liquor befindet, aus den am Elektrometer abgelesenen Werten leicht berechnen läßt, allerdings unter Berücksichtigung der Halbwertszeit des radioaktiven Elementes Thorium B.

Das Entscheidende ist aber, daß man bei dieser Resorptionsprüfung, im Gegensatz zu der Jodmethode, *von der Nierenschwelle und der Speicherungsfähigkeit des Organismus für die Testsubstanz unabhängig ist; denn das Thorium B wird bereits im Blut nachgewiesen.* Es braucht nicht, wie bei der Prüfung der Jodresorption, mehrere Stunden gewartet zu werden, bis die Testsubstanz im Urin erscheint. Wir empfehlen aber, den Übergang des Thorium B aus dem Liquorsystem in die Blutbahn hinein längere Zeit zu verfolgen, da unter pathologischen Bedingungen besondere Formen des Resorptionsablaufes der in den Liquor eingebrachten Stoffe sich zeigen, die diagnostisch von Wichtigkeit sein können.

Zum Schluß der Ausführungen über die experimentellen Grundlagen dieser neuen radiometrischen Methode legen wir folgende wesentlichen Daten fest:

1. Für die Resorptionsprüfung: Bei endolumbaler oder zisternaler Applikation des im Normosal suspendierten Thorium B lassen sich, frühestens nach 10 Min., spätestens nach einer Stunde radioaktive Substanzen im Blut elektrometrisch nachweisen.

2. Für die Passageprüfung: Die Passagezeit der Testsubstanz von der Hirnbasis bis zum Lumbalsack beträgt bei liegender Haltung kürzestens 5 Min., nach 10 Min. sind meist größere Mengen im Lumballiquor vorhanden.

Man ist somit berechtigt, aus einem fehlenden oder verspäteten Auftreten von radioaktiven Substanzen im Blut auf eine Störung in den Austauschbeziehungen zwischen den liquorführenden Räumen und der Blutbahn zu schließen. Hierin liegt der große Vorteil unseres Verfahrens gegenüber den Resorptionsprüfungen, die mit in den Liquor eingeführten Farblösungen (Indocarmin, Methylenblau) oder Jodnatriumlösungen durchgeführt wurden; denn bei diesen Methoden muß, wie *Guttmann* betont hat, immer erst ausgeschlossen werden, daß nicht eine Nierenschädigung die verzögerte Ausscheidung der Testsubstanzen bedingt.

Es ist uns somit gelungen, durch den einfachen elektrometrischen Nachweis der von uns verwandten Testsubstanz Thorium B, der bereits im Blut erfolgt, von der Nierenschwelle unabhängig zu werden und damit den erwähnten Schwierigkeiten anderer Methoden völlig auszuweichen.

Literatur.

Alpers: J. nerv. Dis. **62**, 265 (1925). — *Autenrieht* u. *Funk:* Münch. med. Wschr. **1913 II**, 1243. — *Barnewitz:* Klin. Wschr. **1927**. — *Barth:* Z. Photogr. **24**, H. 5 (1926). — *Baur* u. *Oppenheim:* Arch. f. exper, Path. **94**, 1. — *Beck, Rella* u. *Steiner:* Orv. Hetil. (ung.) **67**, 499 (1923). Ref. Zbl. Neur. **36**. — *Betschov:* J. Physiol. et Path. **21**, No 2 (1923). — *Bielschowsky:* Z. Neur. **117**, 55 (1928). — *Bloor:* J. of biol. Chem. **77**, 53 (1928). — *Bloor* and *Knudsen:* J. of. biol. Chem. **27**, 107 (1916). — *Blum, K.:* Münch. med. Wschr. **1925** II, 1418. — *Büchler, P.:* Mschr. Psychiatr. **63**, 175 (1927). — *Chauffard, Laroche* et *Crigaut:* C. r. Soc. Biol. Paris **70**, 855 (1911). Ref. Zbl. Neur. **3**, 815. — *Custer:* Münch. med. Wschr. **1926** II, 1324. — *Demme:* Arch. f. Psychiatr. **92**, 485 (1930). — *Doerr:* Z. Kolloidchem. **27**, 277 (1921); C. **1922** I, 156. — *Eskuchen:* Z. Neur. **113**, 214 (1928). — *Esser, A.:* Münch. med. Wschr. **1936** II. — *Feldmann, Israelson, Bojewskaja* u. *Morcinis:* Z. Immun.forsch. **58**, 312 (1928). — *Fleischhacker* u. *Scheiderer:* Mschr. Psychiatr. **1931**. — *Fleischhacker, H.* u. *G. Schneider:* J. Neur. **131**, 63. — *Gärtner, V:* Z. Neur. **128**, 5 (1930). — *Gärtner, W.:* Z. Biol. **86**, 115 (1927). — *Georgi, F.* u. *Ö. Fischer:* Humoralpathologie der Nervenkrankheiten. Handbuch der Neurologie, Bd. 7, Teil 1. — *Golant-Ratner:* Münch. med. Wschr. **1924** II, 1128. — *Goria:* Note Psychiatr. **17**, 497—550 (1929). — *Guttmann:* Arch. f. Psychiatr. **88**, 211 (1929). — *Haber, F.* u. *F. Löwe:* Z. angew. Chem. **23**, 1393 (1910). — *Hauptmann:* Med. Klin. **1910** I. — *Hoppe-Seyler:* Hoppe-Seylers Z. **61**, 518 (1929). — *Hoppe-Seyler-Tierfelder:* Physiologische und pathologisch-chemische Analyse. Berlin: Julius Springer 1924. — *Iwanow:* Z. exper. Med. **58**, 1 (1927). — *Izikowitz:* Internat. neurol. Kongr. London 1935. Zusammenfassungen. — *Kafka:* Psychiatr.-neur. Wschr. **1928** I. — *Kafka, V.:* Z. Neur. **135**, 210; **137**, 373. — *Kafka, V., C. Riebeling* u. *K. Samson:* Z. Neur. **131**, 610. — Dtsch. med. Wschr. **1929** II, 1122. — *Kafka* u. *Samson:* Z. Neur. **115**, 85 (1928). — *Kaltenbach:* Z. Neur. **98**, 651 (1925). — *Knauer* u. *Heidrich:* Z. Neur. **136**, 483 (1931). — *Kropatschek, W.:* Die Verweildauer radioaktiver Substanzen in den Körperflüssigkeiten. Biochem. Z. **218**, H. 1/3. — *Kulkow* u. *Schamburow:* Z. Neur. **113**, 193 (1928). — *Lange, B.:* Physik. Z. **31**, 139 946; **32**, 850 (1931). — Chem. Welt **5**, 457 (1932). — *Lasch:* Biochem. Z. **136**, 483 (1924). — *Levinson:* Z. Neur. **1928**, 132, 193, 205. — Mikrochem. **8**, 251 (1930). — *Levinson, Landenberger* and *Howell:* Amer. J. med. Sci. **161**, 561 (1921). — *Levinson, A., Loraine, Landenberger* and *Howell:* Amer. J. med. Sci. **161**, 561 (1927). Zit. nach *Lickint.* — *Lettré, H.* u. *H. H. Inhoffen:* Über Sterine, Gallensäuren und verwandte Naturstoffe, S. 97—108. Stuttgart: Ferd. Enke 1926. — *Löwe, F.:* Physik. Z. **11**, 1047 (1910). — Z. Instrumentenkde **30**, 321 (1910). — Z. Kolloidchem. **11**, 226 (1912). — Chem. Z. **45**, 405 (1921). — Technischer Fortschrittsbericht, Bd. 6 (bei Steinkopf 1925, mit ausführlichem Literaturverzeichnis). — Optische Messungen, 2. neubearb. Aufl., S. 181—192. Dresden u. Leipzig: Theodor Steinkopff 1933. — *Madson:* Med. Rev. (norw.) **1924**, Okt.-Beil., 1. Ref. Zbl. Neur. **40**. — *Marc, R:.* Chem.ztg **36**, 537 (1912). — Z. Kolloidchem. **11**, 195 (1912). — Z. physik. Chem. **81**, 644 (1913). — *Mark* u. *Sack:* Kolloidchem. Beih. **5**, 375 (1914). — *Metzger* u. *O. Hoffmann:* Zbl. Neur. **107**, 618 (1928). — *Nanagas:* Hopkins Hosp. Rep. **32**, 384 (1921). — *Neumann* u. *Riebeling:* Arch. f. Psychiatr. **90**, 302 (1930). — *Netter, H.* u. *Örskow:* Pflügers Arch. **231**, H. 1. — *Peterhof:* Fol. neuropath. eston. **1925**, 110. Ref. Zbl. Neur. **41**, 24. — *Plaut, F.* u. *H. Rudy:* Z. Neur. **146**, H. 1/2 (1933). — *Plaut, F., M. Bülow* u. *F. Pruckner:* Hoppe-Seylers Z. **234**. — *Poynder* and *Rusell:* J. ment. Sci. **72**, 62 (1926). — *Pruckner* u. *Scheid:* Nervenarzt **9**, H. 6 (1936). — *Riebeling, C.:* Z. Neur. **123**, 702. — Chem. Fabrik **5**, 457 (1932). — *Riebeling, R.* u. *R. Weichbrodt:* Dtsch. med. Wschr. **1925** I, 1. — *Rohden, v.:* Arch. f. Psychiatr. **1929**. — *Rona-Kleinmann:* Praktikum der physiologischen Chemie. Berlin: Julius Springer 1929. — *Schaltenbrand, G.* u. *W. Tönnies:* Zbl. Neurochir. **1936**, H. 1. — *Scheid, K.F.:* Z. Neur. (Kongr.-Ber.) **1936**, Nr 455. — *Schwab:* Z. Neur. **102**, 294 (1926). — *Sewig, R.:* Objekt. Photometrie. Berlin: Julius Springer 1935. — *Strecker, H.:* J. ment. Sci. **1928**. — *Walter:* Blut-Liquor-Schranke. — *Weston:* J. metabol. Res. **16**, 47 (1912). — J. of biol. Chem. **28**, 383 (1917). — *Winternitz* u. *Stary:* Med. Klin. **1930** II. — Dtsch. Z. Nervenheilk. **121**, 165. — *Wolff, O.:* Z. Kolloidchem. **32**, 17 (1922). — *Wüllenweber, G.:* Nervenarzt **3**, 22. — *Zdenko, Stary, Winternitz* u. *Krahl:* Z. Neur. **132**, 193, 206.